U0155212

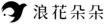

宝宝辅食宝典

［英］安娜贝尔·卡梅尔 著

张雪萌 译

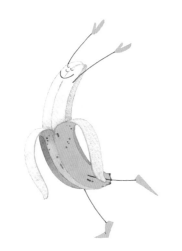

中国纺织出版社有限公司

这本书献送给我的孩子们：尼古拉斯，拉腊，还有斯卡利特。

本书简体中文版由墨白空间文化科技（北京）有限责任公司出版，由中国纺织出版社有限公司独家出版发行。本书内容未经出版者书面许可，不得以任何方式或任何手段复制、转载或刊登。

著作权合同登记号：图字：01-2021-1933

图书在版编目（CIP）数据

宝宝辅食宝典 /（英）安娜贝尔·卡梅尔著；张雪
萌译. -- 北京：中国纺织出版社有限公司，2021.5
ISBN 978-7-5180-8402-9

Ⅰ.①宝… Ⅱ.①安… ②张… Ⅲ.①婴幼儿—食谱
Ⅳ.①TS972.162

中国版本图书馆CIP数据核字（2021）第040684号

著　　者：［英］安娜贝尔·卡梅尔　　　　译　　者：张雪萌
出版统筹：吴兴元　　　　　　　　　　　特约编辑：黄逸凡
责任编辑：韩　婧　　　　　　　　　　　责任校对：高　涵
责任印制：储志伟　　　　　　　　　　　装帧制造：墨白空间

中国纺织出版社有限公司出版发行
地址：北京市朝阳区百子湾东里A407号楼　邮政编码：100124
销售电话：010—67004422　传真：010—87155801
http://www.c-textilep.com
中国纺织出版社天猫旗舰店
官方微博 http://weibo.com/2119887771
天津图文方嘉印刷有限公司印刷　各地新华书店经销
2021年5月第1版第1次印刷
开本：787×1220　1 / 24　印张：14
字数：257千字　定价：88.00元

凡购本书，如有缺页、倒页、脱页，由本社图书营销中心调换

目 录

前　言

　　大部分育儿专家建议家长应从婴儿6个月大左右开始向他们的饮食中添加辅食。不过，如果家长觉得宝宝的身体已经可以适应辅食了，也可以提前一点让他们尝试固体食物。但是最早也要等到宝宝17周龄大，因为在此之前，婴儿的肠胃功能还不够成熟。每个宝宝的身体情况不同，有些宝宝能比同龄人更早地接受辅食。而如果家族内部有食物过敏、花粉症、湿疹、哮喘等病史，妈妈最好坚持母乳喂养到宝宝6个月大。

　　6~9月龄的宝宝，只要他们已经接受了初阶的辅食，家长就可以增加辅食的分量和种类了。这时，宝宝可能已经可以每天按时按顿进餐了。但有个重点请记住：此时进食的多少应该依据宝宝的身体情况而定，每个孩子都是不同的。7月龄时，多数宝宝不靠着东西还不能坐起来，也没有萌出第一颗乳牙。等到了9月龄，宝宝可能已经会自己坐着了，也长出了几颗小牙齿。这一时期，宝宝在吃饭这件事上会有飞速进步。

　　大约9个月大的时候，宝宝的独立性日渐增强，家长会注意到他们特别想自己喂自己吃饭。不过到了将近一岁的时候，原本胃口很好的宝宝常常又会变得很挑食。因为这一时期宝宝体重的增长会大幅放缓，所以他们的胃口也就随之变差。此时的宝宝很可能已经能够灵活地行动。他忙着到处探索，展现自己的新本领，才不喜欢坐在椅子上等着大人用勺喂饭呢。

　　宝宝一岁以后，吃饭的态度会发生更大的变化。家长希望孩子能开心地吃着各种各样的健康食物，摄取到生长所需的全部营养成分。可是据我观察，这个年龄的孩子急于彰显自身的独立性。如果大人把有营养的食物摆在宝宝的面前，并要求他们吃掉，他们很可能会表现出抗拒。

　　那么，家长该如何引导宝宝度过辅食期？如何促使他们接受新口味的食物？如何鼓励他们在进入幼儿期后独立进餐？本书将会为你提供相关的指导和帮助。接下来的几页详细讲解了一些有关辅食的知识，以帮助家长们为宝宝营造最佳的辅食初体验，顺利应对可能遇到的各种问题。

母乳或配方奶的重要性

在宝宝初尝辅食的时候，母乳或配方奶依然是他们的主要饮食。不论母乳还是配方奶都能提供宝宝所需的全部营养。宝宝在一周岁之前每天都应喝500~600毫升的母乳或配方奶。在8个月大之前，每天的奶应该分四次喂。在一周岁之前，牛奶和山羊奶不能作为母乳或配方奶的替代品，因为其中的铁元素等营养成分不足。不过，从宝宝6个月大开始，牛奶和山羊奶就可以用于烹饪辅食、冲泡麦片了。在使用牛奶和山羊奶的时候要选全脂的，因为宝宝正处在快速生长发育期，需要高热量、低纤维的饮食。

有时候，家长看到宝宝饿了，就喂他们吃固态的辅食。但其实宝宝需要的是更多的奶。如果刚在饮食中添加辅食，就大幅削减母乳或配方奶的喂养量，会使宝宝营养摄入不足。此外，突然让宝宝摄入大量辅食，容易造成便秘。初尝辅食更多地是为了让宝宝接受食物的滋味，而不是真的有板有眼地开始吃饭。所以母乳或配方奶在此时仍然十分重要。

初尝辅食，宝宝吃这些最好

起步阶段的辅食种类不必多，但要选好消化、不易引发过敏的。要先从单种食物开始尝试，最好是水果或蔬菜。胡萝卜、红薯和奶油南瓜等根菜类蔬菜都是不错的选择。它们自带甜味，也容易捣成顺滑的泥状。如果将它们和少许母乳（或配方奶）混合，更易于宝宝度过添加辅食的最初阶段。

辅食中的水果一定要选成熟的、口味好的。家长应该自己先尝尝，然后再给宝宝吃。

先试试这些蔬菜
胡萝卜、土豆、芜菁甘蓝、欧防风*、南瓜、奶油南瓜、红薯

先试试这些水果
苹果、梨子、香蕉、木瓜、牛油果

* 译者注：欧防风（parsnip）是一种欧洲常用的食材。本书菜谱中欧防风可以用胡萝卜代替。

成熟的香蕉、木瓜和牛油果可以直接食用，不需要烹制。它们可以单独做成果泥，也可以和少许母乳（或配方奶）混合后食用。香蕉作为辅食的时候，不宜冷冻。

香蕉和牛油果是非常方便的食材，它们天然的表皮就像自带的外包装，营养丰富的果肉用叉子就能轻松捣烂。将剥掉皮的香蕉放进微波炉加热一下，会更容易捣成泥状。不过加热后一定要晾凉再给宝宝吃，以防烫伤。

婴儿米粉

婴儿米粉也是很棒的初阶辅食。稠稠的米粉糊有助于宝宝的饮食由液体向固态食物过渡。购买的时候要注意查看外包装上的说明，确保是无糖的，而且强化了维生素和铁元素。米粉可以用水冲调，也可以和母乳（或配方奶）或者单一的果泥、菜泥混合。

探索新滋味

宝宝5~6月龄时，在他们已经习惯几种简单的辅食后（也取决于宝宝开始尝试辅食的时间），就可以把多种食物混合起来喂给他们，或是尝试一些新食材。绿色蔬菜富含人体必需的营养成分，如果将它们和红薯、胡萝卜等根菜类蔬菜混合，做成的菜泥会带有可口的甜味。

再试试这些蔬菜

西葫芦、花椰菜、西蓝花、豌豆、菠菜、甜玉米

再试试这些水果

浆果（例如蓝莓和树莓）、芒果、李子、桃子、草莓

自制婴儿辅食的好处

给宝宝制作辅食不是一件容易的事。但是亲自动手，选用新鲜、营养的食材，能保证宝宝吃到优质的食物。而且比起成品婴儿辅食，还是自制果蔬泥更划算一些。

家庭自制果蔬泥口味也更多样。因为是现做现吃，其中的维生素含量也高于市面上出售的罐装婴儿辅食。当然，如果家长比较忙，或者是在外出的时候需要给孩子准备食物，罐装辅食还是很方便的。只要孩子的大部分日常饮食是新鲜食物，喂一些罐装辅食是没有问题的。我认为，如果能引导孩子从小接受不同味道的新鲜食物，长大以后他们可能就不会那么挑食。有些宝宝习惯了吃罐装辅食后，家长再喂天然的食物，他们就不愿意接受了。

其实在给全家人做饭的时候，就能顺手准备好给宝宝吃的果蔬泥。本书介绍的很多综合果蔬泥味道都特别好，如果再添些高汤和调味品，就能做成全家人都喜欢的汤羹、炖菜或者酱汁。

引入红肉*、鸡肉和鱼肉

到了引入辅食的第二阶段，又有很多新的食物可供宝宝尝试了。在出生之后的第一年里，宝宝的生长速度是一生当中最快的。6个月大以后，只给宝宝喂蔬菜、水果类的辅食就不够了，因为它们的热量比较低。此时，宝宝需要营养更丰富的食物。鸡肉等肉类不易引发过敏，又含有丰富的铁元素，应该成为宝宝食谱里的重要组成部分。

为了引导宝宝接受鸡肉和红肉，可以把它们和有甜味的食材混在一起，如根菜类蔬菜或杏干、苹果等水果。用慢炖的方式来料理肉类，可以使它们足够软烂，比如砂锅炖牛肉。

宝宝出生时，体内本身就储存有一定的铁元素——这是从妈妈身体里带出来的。6个月大时，体内这些铁元素的量开始减少，所以务必要早早地让宝宝摄入含铁的食物。肉类（尤其是红肉）中所含的铁元素最易被人体吸收。此外，绿叶菜和豆类（如小扁豆）也含有丰富的铁元素。

鱼肉是宝宝的另一种重要辅食。但有些孩子不爱吃鱼。为了让鱼肉更好吃，家长可以把它和味道香浓的食材一起烹调，如胡萝卜、奶酪或西红柿。三文鱼这样的油性鱼类尤其有益于大脑、神经系统和视力的发育。

---

* 译者注：红肉指是在烹饪前呈现出红色的肉，如猪肉、牛肉、羊肉等。

素食宝宝的喂养

如果想把宝宝培养成素食主义者，要保证他们的饮食中有足够的植物蛋白，比如豆类、豆腐和鸡蛋等。为了铁元素被更好地吸收，在食用富含铁的食物（如小扁豆和菠菜）时，可以搭配一些含有维生素C的食物，比如橙汁。素食宝宝不能吃鱼肉，就要用别的方式来补充ω-3脂肪酸。磨碎的亚麻籽或者亚麻籽油里都含有这种不饱和脂肪酸。

鸡蛋

鸡蛋是蛋白质的优质来源，同时含有多种其他营养成分。从6个月大起，一旦宝宝愿意接受固态辅食，就可以给他们吃全熟的鸡蛋了。注意蛋清和蛋黄都必须要熟透。溏心蛋要等到宝宝满了一岁才可以吃。

一些家长不给一岁以下的宝宝吃蛋黄，其实这样有害无益，反而增加了孩子对鸡蛋过敏的可能。

谷物

宝宝吃惯了固态辅食之后，就可以喂给他成人吃的谷物了，如麦片粥或者谷物早餐小饼。家长可以按照包装上的说明用牛奶来煮麦片，然后再和果泥混合在一起。

从9月龄开始，早餐的花样就可以丰富不少了，因为宝宝能吃的谷物种类增多了。很多儿童麦片往往含糖量很高，所以选购时请先查看配料表（详见22页"早餐要吃好"）。谷物和水果搭配，是很棒的早餐选择。

坚果

近年来专家对有关坚果的膳食建议做出了调整：如果宝宝不过敏，从6个月大起就可以吃花生酱和磨得很碎的坚果。研究表明早一些让宝宝尝试坚果（6个月大以后）可能对预防过敏有一定的帮助。不过这个研究结果还没有得到完全的证实。如果家族成员有过敏或湿疹史，那么宝宝吃了含坚果成分的辅食后，家长要密切关注他们的表现。而且千万不要把整粒或者切成较大块的坚果给5岁以下的孩子吃，以防噎到、引发窒息。

乳制品

从6个月大起，宝宝就可以食用牛奶、奶酪、黄油和酸奶了。宝宝生长发育迅速，需要摄入全脂的牛奶和乳制品。宝宝吃的奶酪必须是经过巴氏杀菌的。青纹奶酪、布里奶酪和卡门贝尔奶酪含有霉菌，不能给宝宝食用。

果干

口感柔软的果干营养丰富。等到宝宝能自己抓东西吃的时候，果干是很理想的辅食。不过，果干不易消化，不能多吃。有的果干是二氧化硫熏制而成的，体质敏感的宝宝吃了容易发生哮喘，所以选购时请注意甄别。

一岁以内的宝宝不能吃这些

宝宝最少要到12月龄，才能吃下面这些东西：

盐、糖、调味肉酱、贝类、调味料、熏制食品、软奶酪*或青纹奶酪、蜂蜜。

盐

烹制辅食时不能放盐，含盐量高的食材（例如常规的浓汤宝）也不能用。家长可以选购无盐型婴儿浓汤宝，或者自己炖高汤。煮面条和米饭时，水里也不能放盐。

本书食谱中的果干都是无添加的，不含额外的糖或盐。所有的罐装蔬菜也都是无盐的。

* 译者注：指没有经过熟成的奶酪，通常入口顺滑柔软。

蜂蜜

少数情况下，蜂蜜会含有一种细菌。如果不满一岁的婴儿吃了含有这种细菌的蜂蜜，细菌会在婴儿肠道里分泌毒素，引发"婴儿肉毒杆菌中毒症"，造成严重后果。

宝宝的饭量

宝宝到底应该吃多少东西？这个问题很难一概而论，毕竟每个宝宝的胃口和需求都是独特的。大致来说，一开始尝试辅食的时候，宝宝最多吃1~2茶匙*的果泥或菜泥，所以准备1汤匙或者1个冰格的量（详见15页"冷冻"部分）就够了。随着宝宝长大，可以每次给他增加1~2茶匙的量，直到吃饱为止。宝宝对自己食欲的判断很准：饿了就吃，饱了就会停下。大人需要顺应宝宝的感觉来安排进餐。只要他们的体重在正常范围内增长，精力又充沛，家长就可以放心。如果宝宝的食欲过于旺盛，家长担心体重增加得太快，可以寻找专业人士进行咨询。

食物的温度

和成年人相比，宝宝的嘴巴对温度更敏感，所以给他们吃的东西以微温或室温为好。如果用微波炉再次加热已经冷却的食物，要热到滚烫后，晾成温的，再仔细拌匀，以免局部还是烫的。每次喂饭，家长都要自己先尝一尝，确认食物的温度合适，然后再给宝宝吃。

什么时候给宝宝喂饭？

喂食是与宝宝共处的一段幸福时光，家长不要抱着一种应付差事的心态来完成这件事。可以选择相对空闲、没有什么别的事情要分心的时间来喂饭。为了帮助孩子从小养成好的生活作息，家长应该尽量每天都在相同的时间喂食。月龄较小的宝宝吃东西时，还习惯于像吮吸母乳一样、一口接着一口地不停进食。如果大人喂得不及时，他还会表现出不耐烦。在引入辅食的初期阶段，家长在喂固态辅食之前，可以先给宝宝喝点

---

* 译者注：西方料理时的1茶匙一般为5毫升，1汤匙一般为15毫升。

奶，这样他们就不至于饿得太厉害了。要不然宝宝会觉得自己的需求没有得到满足而不开心。

一开始，每天只需喂一顿辅食，将这顿安排在中午是比较好的选择。慢慢地，可以增加到三顿（早餐、午餐和晚餐）。如果想让宝宝试吃新品种的食物，将它们安排在早餐和午餐时，而不是晚餐时。这样万一宝宝发生过敏反应或者肚子不舒服，多半也是在白天，会好处理一点。

如何给宝宝喂饭？

给宝宝喂饭的时候，也是和他交流感情的好机会。把宝宝放在你的腿面上或者餐椅上，这样你就可以对着他微笑、说话。刚开始的几个星期，不宜给宝宝喂多种食材混合的辅食。当然，把婴儿米粉和单一的果泥或者菜泥混合是可以的。

辅食阶段是搞清楚宝宝不适合吃哪种食物的好机会。但如果喂多种食材混合而成的辅食，宝宝吃出了问题，家长很难判断到底是哪种食物造成的。

宝宝不好好吃东西怎么办？

就算宝宝不好好吃东西，大人也别着急上火。如果一开始宝宝拒绝固态辅食，可以稍等几天，然后再试试。或者把果蔬泥调稀一点，方便宝宝吞咽。一开始，有些宝宝不喜欢勺子在嘴里的感觉，大人可以把手洗干净，用手指到果泥里蘸一蘸，再让宝宝吸吮手指。宝宝如果吃得少，大人也不要拉长进餐的时间，试图让他们多吃饭。宝宝需要吃多少东西，他们自己是知道的。

辅食的口感和风味

添加辅食的初期，要把果泥或菜泥做得稀一些，稠度类似于浓汤或酸奶。果蔬泥中不能直接加入没有烧开的水。而蒸锅里烧开过的水、煮菜时烧开过的水以及宝宝日常习惯喝的奶（母乳或配方奶），都可以用来把果蔬泥调稀。相反，如果要增加稠度的话，可以添加少许婴儿米粉。

等到宝宝对果蔬泥完全不排斥之后，就可以逐步增加稠度，再加入一些柔软的块状食物。这一步要多加小心，因为有些宝宝不喜欢块状食物。但是也不能长期只给宝宝吃顺滑的稀果泥或菜泥，因为这样会让宝宝养成惰性，不愿咀嚼食物。只要食物比较软，宝宝就算还没有长出牙齿，只靠牙床也可以咀嚼。家长可以把蔬菜（比如土豆、胡萝卜或西蓝花）和少许黄油、牛奶以及奶酪一起捣成泥，来引导宝宝接受比较有口感的食物。古斯古斯面和儿童意大利面也很适合加到宝宝喜欢的果蔬泥里一起食用。

家长也可以给宝宝尝尝对他们来说风味很新奇的食物，比如蒜、各类香草和调味品。这能帮助宝宝的口味向家常饭菜过渡。此外，这些调味食材还含有重要的营养成分。

6~12月龄之间，宝宝的胃口非常不错，是家长引导孩子尝试新口味的食物的黄金时期。这样不仅能保证孩子摄取到足够的维生素和矿物质，也能防止他们变得挑食。

饮品

宝宝体内的含水量很高，通过皮肤和肾脏排出的水分也多于成人，所以更要注意给他们补水。在6个月大以前，除了母乳或配方奶，唯一适合宝宝的饮品就是烧开后晾凉的白水。瓶装矿泉水以及反复烧开的水中的矿物质浓度较高，不适合小宝宝饮用。含有高浓度硝酸盐、硫酸盐和氟化物的饮品，以及苏打水也都不适合宝宝喝。

6个月大以后，宝宝就可以喝经净化的饮用水（无需烧开）或稀释过的果汁了。未经稀释的纯果汁酸度很高，伤宝宝牙齿，不适合给他们喝。

饮水杯

宝宝的奶瓶最好只用来喝奶。为了安抚孩子，有的家长会在奶瓶里装甜味饮品给他们喝，这是造成婴儿龋齿的主要原因。6~7个月大的宝宝，就可以开始使用带盖子的吸管杯了，然后再渐渐过渡到普通水杯。使用吸管杯可以让宝宝养成小口喝水的习惯。有些宝宝喜欢奶瓶带给自己的安全感，抱着奶瓶一直喝，导致每天喝了过量的奶，无法摄入足够的固态辅食。而用杯子替换奶瓶有助于避免这个问题。等宝宝满了一周岁，就尽量不要再用奶瓶了。但如果是睡前还要喂一顿奶，这时是可以用奶瓶的。

厨房用具

蒸锅

蒸是最能保留食物营养成分的烹饪方式。对于那些易熟的蔬菜来说，蒸是快捷又简便的料理方法。特别是有些蔬菜相对娇嫩，比如西蓝花和嫩豌豆，就更适合蒸熟了。常备一口多层蒸锅，能同时做很多东西。

电动料理棒

制作果蔬泥的小巧神器，也很易于清洗。

料理机

如果要一次性做一大批果蔬泥冷冻起来慢慢吃，食品料理机就大有用处。它还能绞肉馅、打碎煮熟的或新鲜的蔬菜（这很有用哦！有的宝宝长大一点以后就会挑食，不爱吃绿叶菜）。多数款型的料理机还会附带一个迷你搅拌杯，用于处理少量的食材。

手摇辅食研磨机

适于处理表皮粗糙的食材，如豌豆、杏干。它能除去不好消化的外皮，做出顺滑的果蔬泥。土豆如果放进一般的料理机搅打，里面的淀粉会被破坏，做出的土豆泥会黏糊糊的。而用这种手摇研磨机或者压薯器来处理土豆，效果就好多了，能做出真正顺滑、无团块的土豆泥。如果没有手摇研磨机，可以把食材放在金属筛网上，用大汤勺底部用力碾压。

冰格盘或迷你保鲜盒

一次性制作大量果蔬泥，然后分成小份放在冰格盘或者塑料保鲜盒里冷冻起来是个省事的好办法。以后随吃随取，只需化冻、加热就可以了（详见15页的"冷冻"部分）。冰格盘要用保鲜膜包好，以防污染。

辅食勺

坚硬的金属勺可能会伤害到宝宝敏感的牙床。可以选购塑料或硅胶的辅食小勺，这种勺子相对柔软，也没有锋利的边缘。

辅食碗

可以选购体积小、耐高温的辅食碗。

围兜

给宝宝喂辅食，可能会把周围弄得一团糟。用各式围兜把你和宝宝武装起来吧！带袖子的围兜能提供最全面的保护，而一擦即净的材质（如硅胶）的围兜，清洗起来非常简单。还有一种塑料围兜下方带有立体的接饭兜槽，大一点的宝宝用着正合适。

婴儿餐椅

小小的餐椅可以给宝宝提供支撑，让他们靠着坐。在辅食起步阶段，这样便于家长给宝宝喂饭。

烹调方式

隔水蒸和微波炉烹饪能最大程度地保存蔬果的鲜味和其中的维生素。维生素C和维生素B族是水溶性的，容易因为过度烹饪而流失，尤其不耐长时间炖煮。

隔水蒸

把蔬菜水果切块，隔水蒸软。如果家里没有蒸锅，可以用炖锅烧一锅水，把蒸屉放进去（水面低于蒸屉），再配一个尺寸合适的盖子。

微波炉烹饪

把切好的蔬果放进一个微波炉适用的盘子里。加入少许水，盖上盖子，但要留一道缝来透气。将微波炉调到高火模式，把蔬果烹软，然后做成稠度适宜的果蔬泥。要搅拌均匀，以防局部过热。

水煮

将切好的蔬果放进锅里，加水稍稍把它们盖过，然后煮熟。注意不要煮得时间过长了。将煮好的食材控干，保留一些煮菜的汤水，用来调稀果蔬泥。大致上，我们可以用这种方法来判断水煮不同食材的方法：生长在地下的蔬菜（比如土豆、红薯等）比较难煮熟，要冷水时下锅，一直煮到水烧开、菜熟了为止。而生长在地面以上的蔬菜（比如西蓝花、菠菜等），等水开了再下锅焯熟即可。

烘烤

如果家里有烤箱，可以给宝宝烤土豆、红薯还有奶油南瓜。根菜类蔬菜经过烘烤后，其中天然的糖分会变成焦糖，味道又香又甜。

冷冻

如果制作的果蔬泥分量太少，很难搅拌出非常顺滑的口感。不如一次做出较多的量，分成小份，装进冰格盘或者保鲜小盒冷冻起来，以便以后取用，这样既方便又省时。

分装后的果蔬泥晾凉以后，要尽快冷冻。如果用的是冰格盘，果蔬泥一旦冻至坚硬，就可以把冰的果蔬泥块取出来，转移到保鲜袋里继续冷冻。在保鲜袋上贴好标签，标签上写明冻的是什么泥以及制作日期。如果在零下18℃的环境下冷冻，宝宝的辅食最长可以存放三个月不变质。

在食用辅食的几个小时前（早餐食用则头天晚上拿出），就要把它们从冰箱里取出进行解冻，然后用炖锅加热。用微波炉也可以，但务必要把加热好的辅食搅拌均匀，以防局部过热。

解冻了的食物不可以再次冷冻，也不能多次加热，只能加热一次。不过，市场上售卖的速冻食品（比如速冻豌豆）在经过烹饪、做成辅食以后，还可以再次冷冻。

卫生问题

宝宝一岁之前，奶瓶除了定时清洗，还要认真消毒。辅食碗和辅食勺无须消毒，但是最好能用洗碗机清洗。每次洗完都要用洁净的茶巾把它们擦干。凡是直接接触宝宝食物的台面（比如婴儿餐椅上的托盘）都要每天用抗菌的清洁液擦拭。

为宝宝加热辅食的时候，务必要热透。没有经过高温加热的食物会成为细菌滋生的温床。热好的食物要晾至温凉，由大人尝一尝，确认温度合适后，再给宝宝吃。

吃剩的食物不能留着下顿再吃，因为唾液里有细菌，会经由勺子污染食物。

过敏现象

如今，出现过敏现象的宝宝越来越多。严重的食物过敏大多从婴幼儿时期就表现出来了。牛奶过敏和鸡蛋过敏是最常见的。但等到快成年时，这些症状又大多会消失。容易引发过敏的食物还有小麦、黄豆、芝麻、猕猴桃、贝类和坚果。它们会使免疫系统混乱：其中本该无害的食物蛋白，却错误地引发释放出组胺的反应。这种物质会导致典型的过敏症状，比如荨麻疹和红肿等。有时还会引起更严重的过敏反应，危及生命。

如果家族内部有过敏史，孩子出现食物过敏的概率也会比较高。患有湿疹的宝宝也很有可能表现出食物过敏。湿疹越严重、发作越早，宝宝食物过敏的可能性越大。3月龄之前就出现严重湿疹的宝宝极易发生食物过敏。在这种情况下，家长给宝宝引入新食物就要特别小心。而且每尝试一种食物之后，要观察上一两天，确认无任何不良反应后，才可以尝试下一种食物。对于体质敏感的宝宝来说，妈妈坚持纯母乳喂养直到6个月大，有助于避免发生过敏。

如果担心自己的宝宝过敏，可以带他们去做相关检查。不可以自作主张地限制宝宝摄入某种食物，因为此时不能确定是不是这种食物引发的过敏。查清原因，才能做出合理的饮食安排。

目前还没有有力的证据能证明，让宝宝避免摄入易致敏的食物，或在6月龄以后再向食谱中引入这些东西，就能减少孩子食物过敏的概率。

速发型过敏

大多数的速发型过敏是以下食物诱发的：奶、鸡蛋、花生、坚果、鱼肉、贝类以及小麦。过敏的宝宝只要一吃上述食物（通常是第一次或第二次接触该食物时），皮肤马上就会发痒、起疹子，这些症状通常出现在嘴周围的皮肤上。还可能出现的症状包括脸肿、流鼻涕、瘙痒和呕吐。更严重的过敏甚至会引发呼吸困难，此时必须马上呼叫救护车。好在年龄较小的宝宝很少出现非常严重的过敏反应。

迟发型过敏

有一些食物过敏的反应相对轻微，不易察觉，尤其是有些症状不会马上出现。婴儿迟发型过敏的慢性症状表现为湿疹、食物反流、腹绞痛、生长迟滞、腹泻或便秘等。只要宝宝的食谱里含有引发过敏的食物，上述症状就会长期持续。而这种过敏的"罪魁祸首"主要是奶、黄豆、鸡蛋和小麦。但是以上症状在婴幼儿时期很常见，除了过敏，其他原因也会导致它们的发生。所以，想要确认某种症状是否为食物过敏所引起，并非易事，还需要经验丰富的医师提供帮助。

牛奶过敏

婴幼儿身上最常发生的食物过敏就是牛奶过敏。它的症状包括皮疹或食物反流等。然而，家长往往误以为这些症状是其他原因导致的，反而忽略了牛奶过敏的可能。

牛奶过敏分为两种：速发型和迟发型。这两种过敏都是免疫系统的不良反应引发的。速发型牛奶过敏会在宝宝摄入牛奶蛋白几分钟之内发作，症状有食物反流（宝宝在进食之后会啼哭、拱起背部，食物从胃里上涌）、腹泻，严重的还会突然气喘、咳嗽或呼吸急促。如果宝宝有以上表现，请立刻联系医生。有关迟发型牛奶过敏的更多信息，请参阅"迟发型过敏"一节。

容易引发过敏的食物

水果：有些孩子对柑橘类水果、浆果和猕猴桃有不良反应，但这几种水果很少引发真正意义上的过敏。水果过敏的常见症状包括呕吐、腹泻、哮喘、湿疹、花粉症、皮疹和眼部、嘴部或脸部红肿。

坚果：花生以及花生制品有可能引发严重过敏，甚至危及生命。所以，如果家族内部有过敏史（包括花粉症、湿疹和哮喘等），给宝宝食用花生时一定要特别小心。如果不放心，不妨在尝试坚果之前先给宝宝做个过敏原检测。宝宝多大开始能吃坚果呢？具体介绍见第8页。

谷蛋白（又叫"麸质"）：很多谷物里都含有谷蛋白，包括小麦、黑麦和燕麦。含有谷蛋白的食物（如面包和面条）可以在6~7月龄引导宝宝尝试。不过，如果担心宝宝会有谷蛋白过敏，就先不要喂含有谷蛋白的谷类食品了。可以先试试婴儿米粉，这是最安全的选择。有些宝宝对小麦的不耐受是暂时的，等长大一点就好了。而另一些人则是长期对谷蛋白过敏，这是一种名为"乳糜泻"的病症，可以通过验血来确诊。

鸡蛋：幸运的是，孩子对蛋奶的过敏症状，通常到了一定年龄（大约50%的孩子是在4~6岁大）就会好转。然而，对其他食物的过敏症状会持续得更久一些。对坚果、鱼类和贝类的过敏基本都不会随着年龄增长而减轻。如果担心孩子有过敏的问题，请及时带他们去看医生。

为宝宝烹制鸡蛋的注意事项详见第8页。

出牙

有些宝宝6个月大就长出第一颗牙齿了，有些孩子可能满了一周岁都没有长出一颗牙。有些孩子能顺利度过出牙期，有些孩子则可能因为出牙而饱受折磨。如果宝宝到了出牙期，会有以下迹象：面颊红亮，牙床红肿，嘴边出现少量疹子，轻微发烧，急躁易怒。如果觉得宝宝不太对劲，请向医生咨询，不要只简单地归结为出牙时的不舒服而不加重视。有时宝宝会因为牙床不适而胃口变弱。如果孩子某天不肯吃东西，大人也不必太紧张，说不定第二天他就把少吃的东西补回来了。

要想缓解牙床的酸痛，帮助宝宝恢复胃口，可以选购牙咬胶环。将牙咬胶环放在冰箱里冷却以后，宝宝就能很轻松地抓着它啃咬。凉凉的手抓食物对缓解牙床酸痛也很有效，比如冷藏的黄瓜条，或者是在冰箱里冷藏约20分钟的香蕉。家庭自制的棒冰也能舒缓牙床的不适。家长可以用果汁、果泥或酸奶来冻棒冰。此外，冷藏过的酸奶和鲜奶酪也很有效。

出牙期的宝宝爱流口水。在宝宝嘴边稍涂一点凡士林，可以防止皮肤发红、疼痛。

手抓食物

在宝宝的食物探索之路上，让他练习自己吃东西是很有趣的一步，宝宝也常常很乐意参与。6月龄时，宝宝的手眼协调能力还没有充分发育好，如果只靠他们自己吃东西，会无法摄入充足的营养，所以要由大人喂食果蔬泥。但是除此之外，准备一些柔软的手抓食物供孩子练习自己吃东西是个不错的主意。孩子练得越多，就能越快地掌握这项技能。这样不仅锻炼了孩子的手眼协调能力，还能让他们尝试更多新滋味、新口感的食材。

不过练习的过程并不是轻松愉快的——食物会被宝宝弄得到处都是。在宝宝的高脚餐椅下铺一块塑料垫子，这样清理起来能方便一点。到了9月龄，多数宝宝的协调能力都有所增强，能自己抓起食物吃了。鼓励他们多多练习，宝宝们的动作会越来越灵巧。

探索食物

家长不能指望那么小的宝宝们懂得餐桌礼仪。在这个阶段，探索食物的触感是他们了解食物的重要方式。在宝宝吃东西的时候，大人尽量不要一个劲地给他擦嘴。据我的经验，如果允许宝宝用他们自己的方式熟悉食物（大人会觉得他是在"玩吃的"），他们将来的吃饭表现会更好，也能更早学会自己吃饭，因为吃饭对他们来说是一种愉快的体验。不过，有些行为是不能鼓励的，比如拿着食物乱扔。如果出现这种现象，你只需把食物端走，明确表示你不接受他的做法即可。但你不能表现得非常在意，否则孩子可能会故意捣乱来引起你的注意。

和孩子一起吃东西是个好主意。小宝宝都是模仿能手。如果他不肯吃东西，家长就要起带头作用，高高兴兴地把食物放进自己嘴里。

还有很重要的一点就是饭前要给宝宝洗干净小手。但面对细菌也不用如临大敌。因为就算家长专门用抗菌清洁剂擦拭宝宝的餐椅托盘，他们也会从地板上直接捡起掉落的食物送进嘴里，接触细菌是不可避免的。

安全问题

　　手抓食物和别的食物一样，都可能把宝宝噎着。所以宝宝吃东西的时候，大人一定要陪在他身边。不要给宝宝吃小块的食物，它们容易卡在嗓子里，比如整粒的葡萄，还有又硬又脆的生蔬菜条，它们会碎成硬硬的小块，很容易噎住宝宝。在最初的进食阶段要选择比较柔软的食物，比如：

- 去了皮的、成熟而且口感柔软的水果（如梨子、芒果、香蕉、牛油果和甜瓜）
- 蒸过的蔬菜（如胡萝卜条、欧防风条和西蓝花）
- 吐司面包条、面包棒
- 煮熟的儿童意大利面

进阶版手抓食物

　　等到宝宝长大一点，抓握能力增强了（宝宝喂进自己嘴里的东西比胡乱抹在头发里和墙上的多了），家长就可以准备一些对他们来说富有挑战性的新食材了，比如：

- 烹熟的薄肉片，将它们卷起来
- 瑞士奶酪条、切达奶酪条
- 条形的新鲜蔬菜（如黄瓜条、甜荷兰豆）
- 水果（如去皮的苹果片、草莓）
- 烤红薯块
- 米糕、皮塔饼、贝果面包
- 蘸酱（如鹰嘴豆泥，用来和蔬菜、面包搭配食用）
- 迷你肉丸、迷你汉堡
- 鸡肉片、鱼肉片
- 迷你三明治，夹心可以用奶油奶酪、火鸡肉片或者捣烂的香蕉

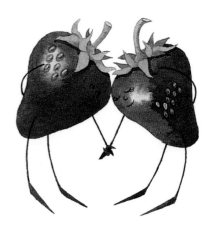

- 鸡蛋吐司、香烤奶酪吐司

- 自制迷你比萨（可以用英式小圆饼或墨西哥薄饼当饼皮，当然也可以用普通比萨饼皮）

- 用新鲜水果和酸奶制成的迷你棒冰

- 薄煎饼

- 果干（如杏干）

即便宝宝满了一岁，家长仍需对有些食物保持警惕，比如整粒的坚果、橄榄等硬邦邦的、容易被整个吞下的东西。这个年龄的宝宝什么都爱往嘴里塞，非常容易被上述食物噎着。

幼儿膳食（一周岁以上）

基本上，大人吃的饭菜，这个阶段的宝宝也可以吃。家长尽早引导宝宝吃和大人一样的食物是很重要的。否则随着年龄增长，宝宝的口味会越来越难调整。帮助宝宝转换饮食习惯宜早不宜晚。这样一来，也不用单独给宝宝制作食物了，省事不少。当然，盐和别的调料都要少放。大人以为宝宝对食物的味道没有偏好，其实不然。微辣的食物常常很受宝宝青睐。把食物串成串（当心签子的尖头不要扎到人），或是让宝宝用筷子吃饭，他们都会觉得很有趣。这样一来，吃饭的过程也就成了全家共享的幸福时光。

小零食

这一时期宝宝的能量消耗很大，最好保证他们每天吃三顿饭。两餐之间加点小零食也很不错。但前提是吃零食的时间要有规律、不能太频繁，而且快要吃饭的时候就不要再吃零食了。家长要选择健康食品当零食，也不要让宝宝一天到晚吃个不停。现在挑食的孩子很多，这很大程度上是因为家长给孩子吃了太多零食，他们一整天肚子都饱饱的，所以就对食物更挑剔了。

比较好的零食包括水果片、蔬菜片、婴儿米饼、果干、面包条和奶酪。这些食品可以在冰箱里常备一些，宝宝肚子饿的时候就可以给他吃。你也可以准备几根胡萝卜，将它们切片后泡在冷水里，用密封的容器保存，可以存放好几天。让孩子养成定时吃一些健康小零食的好习惯，可以让他们潜移默化地爱上健康食物。

至于巧克力和饼干，也不需要完全禁止。家长越是禁止什么，小孩子越是难以抵挡它的诱惑。只要从一开始就不让孩子养成吃甜食的习惯，他们也就不会老想着要吃了。而且，家里如果不常备甜食，孩子偶尔吃上一次，会觉得这是一种小奖励。这样也可以防止家长摄入太多甜食。孩子都会模仿大人，要是看到家长经常吃巧克力，他们也会想吃。

营养需求

5岁以下的儿童和成人相比，需要在饮食中摄入更多脂肪。所以不要选低脂的食物给宝宝，比如低脂的牛奶、酸奶和奶酪。高纤维食物也是不合适的，它们会妨碍维生素和矿物质的吸收。

早餐要吃好

只有早餐营养丰富，我们才能精力充沛地度过一上午。全麦谷物（如麦片粥或燕麦棒）很适合宝宝食用。全麦食物在消化过程中，其中的糖分会较慢地进入血液。而精制谷物则会造成血糖大幅波动，不适合宝宝食用。不过有一点要当心：市售的不少儿童谷物含糖量都很高，甚至超过30%。所以要仔细查看包装上的配料表，每100克谷物中含糖量低于10克的才能选购。早餐时给宝宝来一杯橙汁也是个好主意，这样有助于他吸收谷物里的铁元素。早餐时吃个鸡蛋，也能使宝宝摄入更全面的营养。

挑食的宝宝

在成长过程中，约90%的宝宝至少会经历一次漫长的挑食期，这会让家长感到非常挫败。我认为，应对孩子挑食的关键是不要让他们看出你的挫败感。如果家长对孩子的挑食表现出无动于衷，也不拿甜食哄着他吃饭，他们自己就会觉得没意思了。而在孩子愿意去尝试新的食物时，哪怕只尝了一点，家长也要积极地鼓励他。

孩子挑食的时候，别怕他饿着。他们如果真的饿了，自然就会吃饭。孩子挑食的时候，一天下来可能只吃一点儿东西，但这对他们的身体不会有太大的影响。孩子们的口味也是变化莫测。今天可能很爱吃某种食物，第二天就碰都不肯碰了。家长还要注意观察孩子一天喝了多少水或饮料，这也会影响他吃饭的胃口。

小份食物，更讨喜

这一阶段，宝宝乐意接受小份的食物。他们看到满满一盘子食物，会表现出抗拒，特别是当他们处于挑食的阶段。把食物做得好看些，也能吸引宝宝品尝。家长应该尽量让吃饭成为一件有趣的事，比如用装饰食物（用豌豆摆成笑脸的形状）等好办法来调动孩子的积极性。

*　　*　　*

本书的菜谱

本书的每一道菜谱都包含以下信息：备料时间、烹饪时长、可分几份食用、是否适合冷冻。其中，备料时间和可分几份食用的信息都仅供参考，要视具体情况而定。

根据宝宝的年龄段，菜谱分为四部分。第一部分是4~6月龄（或是从你的宝宝开始尝试辅食的时候开始），第二部分是6~9月龄，第三部分是9~12月龄，最后一部分适合一周岁以上的宝宝——这一部分的菜谱不光适合宝宝，也适合和全家共享。

本书的最后，还有每一阶段的膳食计划表可供参考，这可以帮助新手父母们井井有条地准备辅食。当然，你也可以用自己的食谱来代替。

> 小贴士：·如果使用的是风炉烤箱，请在食谱中建议的烤箱温度基础上调低20℃。
> ·食谱里用到的黑胡椒都是现磨的。

辅食初体验

4~6月龄

先试试这些蔬菜

胡萝卜泥

锅中放入开水，放上蒸屉，把胡萝卜放在蒸屉上。盖上锅盖，隔水蒸15~20分钟，直到胡萝卜蒸软。

将胡萝卜放进料理机或者搅拌机，添加少许蒸胡萝卜的水或者母乳（或配方奶）打成湿润顺滑的泥状，以便宝宝吞咽。

舀几勺胡萝卜泥放进宝宝的小碗，晾到温热再喂食。

✎ 5分钟

▭ 15~20分钟

◔ 4份

❋ 可以冷冻

2根中等大小的胡萝卜，削皮，切片
少许母乳或配方奶*（可选）

> 胡萝卜是最理想的初阶辅食。它营养丰富，味道清甜，打成泥后口感顺滑。别的根菜类蔬菜也可以采用同样的做法，比如红薯、欧防风和芜菁甘蓝，只不过蒸制的时间不同。

*本书食谱中需要加入奶的步骤，请按照宝宝平时的饮食习惯，选择母乳或配方奶。

三种根菜类蔬菜泥

/ 7分钟

▭ 20分钟

◉ 5份

❋ 可以冷冻

2根中等大小的胡萝卜（175克），削皮，
切块

175克红薯或南瓜，削皮，切块

1根中等大小的欧防风（100克），削皮，
切块

300毫升开水

少许母乳或配方奶（可选）

　　把食材放进炖锅，倒入开水，没过食材。盖上锅盖，中火炖约20分钟，或直到食材炖软。捞出、控干食材，添加适量煮菜的水，将其捣成顺滑的泥。也可以加入少许母乳（或配方奶）混合。

　　如果采用隔水蒸的方式烹饪，可以用蒸菜的水来调配菜泥。

　　欧防风是淀粉和纤维素的优质来源，还含有抗氧化物，如维生素 C 和维生素 E。

土豆泥

/ 5分钟

□ 20分钟

◐ 6份

❋ 可以冷冻

400克土豆，削皮，切块

少许母乳或配方奶（可选）

把土豆块放进炖锅，倒入适量开水，能盖过土豆即可。加热，水再次烧开之后，继续用小火煮约15分钟，或直到土豆炖软。选用隔水蒸的方式也可以。

用手摇研磨机或者压薯器把土豆块弄成泥。取少量煮土豆的水或者母乳（或配方奶）和土豆泥混合，调成适宜的稠度。

土豆味道清淡，含有丰富的维生素C和钾，是理想的辅食。不要用料理机来做土豆泥。因为料理机会破坏土豆里的淀粉，使土豆泥变得非常黏。

烤红薯泥

烤箱预热到200℃（如果使用的是燃气烤箱，则调到6挡）。把红薯擦洗干净，用金属签子或者叉子在红薯上戳些小孔。把红薯摆在烤盘上，放进烤箱烘烤约45分钟，或直到红薯熟软、表皮发皱。

把红薯端出烤箱，切成两半，挖出薯肉，用料理机打成顺滑的泥。如果想把红薯泥调得稀一些，可以加入少量母乳（或配方奶）混合拌匀。

✏ 1分钟
▱ 45分钟
✿ 6份
❋ 可以冷冻

2个中等大小的红薯（约500克）
少许母乳或配方奶（可选）

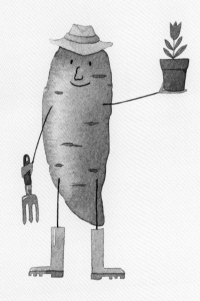

也可以用同样方法烤土豆，烘烤时间要更长一些，为1小时~1小时25分钟。

烤奶油南瓜泥

烤箱预热到200℃（如果使用的是燃气烤箱，则调到6挡）。在奶油南瓜的切面上刷油，然后把南瓜摆在耐高温的浅盘子里，切面朝上。往盘子里倒一些水，水深约1厘米即可。把盘子放进烤箱，烘烤45分钟~1小时。

从烤箱里端出盘子，等待南瓜晾凉。挖出南瓜肉，捣成泥。还可以加入少量母乳（或配方奶）混合拌匀。

✎ 5分钟

🍳 45~60分钟

🥣 6份

❄ 可以冷冻

1个中等大小的奶油南瓜（约700克），切成两半，去瓤去籽
少许葵花籽油
少许母乳或配方奶（可选）

普通的南瓜也可以这样烘烤。选一只较小的南瓜，切成4块即可。

烘烤过程中，奶油南瓜或普通南瓜都会释放出天然的糖分和香气。这两种南瓜泥都易于消化，不易引发过敏，是理想的初阶辅食。在用烤箱给全家人制作美食时，顺便放一些南瓜进去，宝宝的辅食也就做好了。

红薯南瓜泥

🖊 10分钟

🖼 1小时

🍳 5份

❋ 可以冷冻

1个小的奶油南瓜，或半个大的奶油南瓜
（约500克），削皮，去瓤去籽，切成
2.5厘米左右的小块

1个中等大小的红薯（约450克），削
皮，切成2.5厘米左右的小块

一大块动物黄油或植物黄油

2汤匙水

少许母乳或配方奶（可选）

烤箱预热到200℃（如果使用的是燃气烤箱，则调到6
挡）。在烤盘上铺一大张铝箔纸，把南瓜和红薯摆在上面。
把黄油均匀地点在食材上，再洒些水。把铝箔纸的四边向内
折，松松地将食材包裹起来。放入烤箱，烘烤约1小时，或
直到食材熟软。

拿出南瓜和红薯后，稍微晾一会儿，然后把它们和盘子
里的汤汁一起倒进搅拌机，打成泥。如果想再调得稀一些，
可以再加少量母乳（或配方奶）混合拌匀。

红薯和奶油南瓜橙红色的肉质部分富含 β-胡萝
卜素，它进入人体后可以转化成维生素 A，能够促进
免疫功能，抵御感冒和流感。

欧防风、胡萝卜、梨子泥

把胡萝卜和欧防风放进小炖锅，倒水盖过食材。加热，水烧开后，盖上锅盖，再用小火炖约15分钟，直到食材熟软即可。也可以采用隔水蒸的方法，蒸约20分钟。把胡萝卜和欧防风捞出、控干，锅里的水不要倒掉。在蔬菜块中加入梨子丁和2汤匙锅中的水（水量可以酌情增减），打成顺滑的果蔬泥。

✎ 5分钟
🍳 20分钟
⏱ 4份
❄ 可以冷冻

1根中等大小的胡萝卜（100克），削皮，切块
1根中等大小的欧防风（75克），削皮，切块
1只小的梨子（75克），削皮，去核，切丁

欧防风苹果泥

把食材放进炖锅，倒入冷水将食材盖过，烧开。水烧开后，盖上锅盖，小火再炖约10分钟，直到食材非常熟软时再关火。将欧防风和苹果捞出、控干，锅里的水不要倒掉。用料理棒把食材打成泥，再添加1~2茶匙锅中的水，调成合适的稠度。

✎ 10分钟
🍳 15分钟
⏱ 3份
❄ 可以冷冻

450克欧防风，削皮，切块
100克甜苹果，削皮，去核，切块

左图：欧防风、胡萝卜、梨子果蔬泥

两款果味奶油南瓜泥

奶油南瓜苹果泥

✐ 10分钟
▭ 12分钟
⊛ 6份
❋ 可以冷冻

将奶油南瓜隔水蒸约6分钟。然后把苹果也放在蒸屉上，再蒸6分钟。将蒸好的食材放进搅拌机，添加2汤匙蒸菜的水，一起打成顺滑的泥。

350克奶油南瓜削皮，去瓤去籽，切块
1个中等大小的甜苹果（约125克），削皮，去核，切块

奶油南瓜梨子泥

✐ 10分钟
▭ 12分钟
⊛ 6份
❋ 可以冷冻

将奶油南瓜隔水蒸约8分钟。然后把梨子也放进笼屉，再蒸4分钟。将蒸好的食材放进搅拌机，打成泥。如果稠度合适，不加水也可以。如果打出的果蔬泥太稠，可以添加少量蒸菜的水。

350克奶油南瓜削皮，去瓤去籽，切块
1个中等大小、熟透的梨子，削皮，去核，切块

红薯、胡萝卜、杏子泥

　　把红薯、胡萝卜和杏干放进炖锅，倒入开水，盖上锅盖，煮20分钟。将煮好的食材捞出、控干，用料理棒打成泥。

✎ 3分钟

▭ 20分钟

◷ 3份

✳ 可以冷冻

1个小的红薯（约250克），削皮，切块
1根中等大小的胡萝卜（约75克），削皮，切片
30克杏干，切块
350毫升开水

胡萝卜、豌豆、土豆泥

　　把土豆和胡萝卜放进炖锅，倒入冷水没过，烧开。水烧开后，盖上锅盖，小火再煮10分钟。然后加入豌豆，再煮约5分钟，直到所有食材熟软。用料理棒把煮好的食材打成顺滑的泥。

✎ 10分钟

▭ 20分钟

◷ 4份

✳ 可以冷冻

100克土豆，削皮，切块
1根大的胡萝卜（150克），削皮，切片
75克速冻豌豆

左图：红薯、胡萝卜、杏子果蔬泥

奶油南瓜、欧防风、西梅泥

✎ 3分钟

▭ 15~20分钟

🍪 4份

❄ 可以冷冻

300克奶油南瓜，削皮，去瓤去籽，切块
1根小的欧防风（60克），削皮，切块
20克即食西梅干
300毫升开水

把奶油南瓜、欧防风和西梅干放进炖锅，倒入开水将食材盖过。盖上锅盖，小火慢煮约12分钟，或直到食材熟软。用料理棒把煮好的食材打成泥。

南瓜梨子泥

✎ 10分钟

▭ 10分钟

🍪 4份

❄ 可以冷冻

200克南瓜，削皮，去瓤去籽，切块
1个中等大小的梨子（100克），削皮，去核，切块
1汤匙婴儿米粉

将南瓜和梨子一起隔水蒸约10分钟，直到食材熟软。用料理棒把蒸好的食材打成顺滑的泥，然后和婴儿米粉混合拌匀。

先试试这些水果

苹果泥

　　把苹果放进一口厚底炖锅，加入水或纯苹果汁，盖上锅盖，烧开。水烧开后，再用小火慢煮6~8分钟，直到苹果完全熟软。这一步也可以采用隔水蒸的方法，蒸7~8分钟。

　　把煮好的苹果放进料理机（或者用料理棒）打成泥。如果上一步采用了蒸的方式，可以用少量蒸锅里的水把果泥调稀。

✎ 5分钟

▭ 10分钟

◉ 4份

✻ 可以冷冻

2个甜苹果（如"粉红佳人""皇家嘎啦"和"爵士"等品种），削皮，去核，切块
4~5汤匙水或者是不加糖的纯苹果汁

　　如果想要变换口味，可以添加肉桂。只需把1根肉桂条放进锅里和苹果一起煮，在苹果煮好以后把肉桂条捞出来即可，不要一起打成泥。

梨子泥

🖊 5分钟

▭ 3~5分钟

🕐 3份

❄ 可以冷冻

2个成熟的大梨子（或者4个成熟的小梨子），削皮，去核，切块

少许婴儿米粉（可选）

将梨子隔水蒸3~5分钟。越是成熟的梨子越容易蒸软。用料理棒把蒸好的梨子打成泥。如果梨子泥太稀，可以添加少量婴儿米粉拌匀。

桃子梨子米粉泥

🖊 5分钟

🕐 3份

❄ 可以冷冻

1个成熟的桃子，剥皮，去核，切块

1个成熟的梨子，削皮，去核，切块

少量婴儿米粉

用料理棒把桃子和梨子打成泥，添加少量婴儿米粉，拌匀。

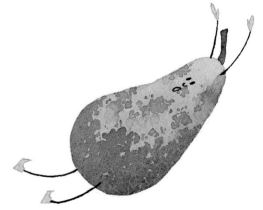

右图：梨子泥

苹果梨子泥

　　将苹果、梨子、苹果汁和水一起放进厚底炖锅，盖上锅盖，烧开。水开后，再转成小火煮 6~8 分钟，直到果肉熟软。把煮好的果肉捣成泥。

✎ 10分钟
▭ 10分钟
◷ 4份
❄ 可以冷冻

2个甜苹果（如"粉红佳人""皇家嘎啦"和"爵士"等品种），削皮，去核，切丁
2只成熟的梨子，削皮，去核，切块
4汤匙不加糖的纯苹果汁
2汤匙水

梨子米粉糊

　　把梨子放进一口小炖锅，加水，盖上锅盖，煮2~3分钟。把煮好的梨子捣成顺滑的泥。将婴儿米粉与母乳（或配方奶）搅拌均匀后，加入梨子泥中。

✎ 5分钟
▭ 5分钟
◷ 2份
❄ 可以冷冻

2个成熟的梨子，削皮，去核，切块
1汤匙婴儿米粉
1汤匙母乳或配方奶

左图：苹果梨子泥

49

牛油果泥

✎ 3分钟
◔ 1份
❄ 不可冷冻

1个成熟的小牛油果，切成两半，去核
少许母乳或配方奶

挖出牛油果肉，捣烂，和母乳（或配方奶）混合、拌匀。

木瓜香蕉泥

✎ 3分钟
◔ 1份
❄ 不可冷冻

半个小的木瓜，削皮，去籽
半根成熟的小香蕉，剥皮
1~2汤匙母乳或配方奶（可选）

把木瓜和香蕉一起捣烂。如果想要稀一些的果泥，可以添加少许母乳（或配方奶），然后拌匀。

木瓜泥

✎ 3分钟
◔ 1份
❄ 可以冷冻

半个小的木瓜，削皮，去籽

用叉子把木瓜肉捣成顺滑的泥。

哈密瓜泥

挖出哈密瓜肉，切块，用料理棒打成泥。

🔪 5分钟

🍽 6份

❄ 可以冷冻

1个成熟的哈密瓜，切成两半，去掉瓜籽

哈密瓜草莓泥

挖出哈密瓜肉，切块，和草莓一起用料理棒打成泥。加入婴儿米粉，拌匀。

🔪 7分钟

🍽 2份

❄ 可以冷冻

1/4个哈密瓜，去掉瓜籽
2只草莓，摘掉叶子和蒂，洗净
2汤匙婴儿米粉

> 除了哈密瓜，其他品种的甜瓜也很好吃。可以试试白兰瓜或加利亚蜜瓜。
> 等宝宝长大一点了，熟透的甜瓜可以直接切片给他吃。

左图：哈密瓜草莓泥

香蕉泥

✎ 3分钟

◔ 1份

✷ 不可冷冻

半根成熟的小香蕉，剥皮
少量母乳或配方奶（可选）

用叉子把香蕉捣成顺滑的泥。如果觉得香蕉泥太稠，可以添加少量母乳（或配方奶）。

香蕉牛油果泥

✎ 4分钟

◔ 1份

✷ 不可冷冻

半个成熟的小牛油果，去核
半根成熟的小香蕉，剥皮，切片
少许母乳或配方奶（可选）

挖出牛油果肉，和香蕉一起捣烂。如果想把果泥调稀一些，可以添加少量母乳（或配方奶）。

右图：香蕉牛油果泥

芒果泥

　　削掉芒果皮，从芒果核上把果肉都切下来，大约能切出115克果肉。用料理棒把果肉打成泥。

✎ 5分钟

🍳 2份

❄ 可以冷冻

半个中等大小的成熟芒果

芒果香蕉泥

　　芒果肉的准备方法同上。用料理棒把芒果肉和香蕉一起打成泥。

✎ 5分钟

🍳 2份

❄ 不可冷冻

半个成熟的小芒果
半根成熟的小香蕉，剥皮，切片

　　芒果号称"水果之王"，富含抗氧化物，这种成分非常有益健康。

再试试这些蔬菜

西葫芦泥

西葫芦外皮很嫩，不用削掉。将它们隔水蒸约10分钟，直到熟软。然后用料理棒打成泥，或用叉子捣烂。西葫芦可以和红薯、胡萝卜或婴儿米粉混合后食用，味道都很棒。

🔪 5分钟
🍳 10分钟
🍽 8份
❄ 可以冷冻

2个中等大小的西葫芦，洗净，切掉头尾部，切片

西蓝花花椰菜泥

将西蓝花和花椰菜隔水蒸约10分钟，直到熟软。添加少量蒸菜的水或母乳（或配方奶），捣成稠度合适的菜泥。西蓝花和花椰菜可以用来和胡萝卜、红薯等根菜类蔬菜一起打成泥，味道很棒。

🔪 7分钟
🍳 10分钟
🍽 4份
❄ 可以冷冻

50克西蓝花，洗净，切成小块
50克花椰菜，洗净，切成小块
少许母乳或配方奶

西葫芦和西蓝花（也可以加入花椰菜）与红薯、胡萝卜等甜味根菜类蔬菜一起打成泥，味道很不错。

/ 12分钟

▭ 15分钟

◍ 3份

❄ 可以冷冻

1个小的红薯（225克），削皮，切块
1根中等大小的胡萝卜（约75克），
削皮，切块
2汤匙已经做熟的罐装甜玉米粒或速冻
甜玉米粒

红薯、胡萝卜、甜玉米泥

　　将红薯和胡萝卜隔水蒸约15分钟，或直到熟软。添加甜玉米粒和4汤匙蒸锅中的水，一起打成泥。

/ 12分钟

▭ 15分钟

◍ 6份

❄ 可以冷冻

1根中等大小的胡萝卜（100克），削
皮，切片
200克奶油南瓜，削皮，去瓤去籽，
切块
半个小的甜苹果（50克），削皮，去
核，切块
10克西梅干，切块

奶油南瓜、胡萝卜、苹果泥

　　将胡萝卜和南瓜隔水蒸约5分钟。然后把苹果和西梅干也放进笼屉，继续蒸10分钟，直到所有食材熟软。在蒸好的食材中加入2汤匙蒸菜的水，一起打成泥。

右图：奶油南瓜、胡萝卜、苹果果蔬泥

红薯、西蓝花、豌豆泥

将红薯隔水蒸3分钟，再把西蓝花放进笼屉，蒸4分钟。然后把速冻豌豆放进去，再蒸3分钟。将蒸好的食材和75毫升蒸菜的水混合，用料理棒打成泥。

🔪 7分钟

🍳 10分钟

⏲ 3份

❄ 可以冷冻

1个小的红薯（300克），削皮，切块
60克西蓝花，洗净
40克速冻豌豆

奶油南瓜、甜玉米、豌豆泥

将奶油南瓜隔水蒸12分钟，直到变软。再把甜玉米粒和豌豆也放进笼屉，蒸4分钟。用料理棒把蒸好的食材打成泥，再加2汤匙蒸菜的水，拌匀。

🔪 7分钟

🍳 16分钟

⏲ 5份

❄ 可以冷冻

350克奶油南瓜，削皮，去瓤去籽，切块
30克罐装甜玉米粒或速冻甜玉米粒
50克速冻豌豆

左图：红薯、西蓝花、豌豆蔬菜泥

韭葱＊、芜菁甘蓝、红薯、甜玉米泥

✎ 10分钟

▭ 20分钟

🕐 4~6份

❄ 可以冷冻

一块黄油

1根中等粗细的韭葱，洗净，摘掉外层老叶，切段

125克芜菁甘蓝，削皮，切块

100克红薯，削皮，切块

50克罐装甜玉米粒或速冻甜玉米粒

250毫升母乳或配方奶

200毫升水

将黄油放进炖锅加热融化。韭葱下锅，煎炒2分钟。然后放入其余的食材一并下锅。盖上锅盖，烧开。然后用小火再煮约15分钟，直到蔬菜都熟软。用料理棒把这些蔬菜打成泥。

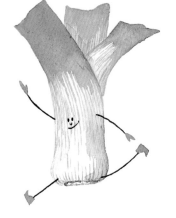

＊译者注：韭葱（leek）是一种欧洲常用的食材，它口味清淡，和中国一般食用的气味较刺激的大葱不同。韭葱的葱白部分可以作为蔬菜食用，而葱叶部分可以用来熬汤。本书菜谱中的韭葱可以用细香葱代替。芜菁甘蓝（swede）在中国又称洋大头菜，经常腌渍后当作小菜食用。本书菜谱中的芜菁甘蓝都是新鲜的、未经调味的。

奶油南瓜、梨子、杏子泥

　　将所有的食材放进炖锅，加水，盖上锅盖，烧开。然后调成小火，继续煮约15分钟，直到食材熟软。用料理棒将食材打成泥。

✏ 5分钟

▭ 20分钟

◷ 3份

❄ 可以冷冻

300克奶油南瓜，削皮，去瓤去籽，切块
1个中等大小的成熟的梨子，削皮，去核，切块
15克杏干，切块
200毫升开水

红薯苹果泥

　　用叉子在红薯表面扎些小孔。把红薯放进微波炉，高火加热8~10分钟，直到红薯熟软。

　　利用这段时间，把苹果和水放进厚底炖锅，盖上锅盖，烧开。然后用小火继续炖煮7~9分钟，直到苹果变软。

　　把红薯取出，切成两半，挖出薯肉。将薯肉、苹果和5~6汤匙炖苹果的汤汁混合，捣成泥。

✏ 5分钟

▭ 10分钟

◷ 3份

❄ 可以冷冻

1个中等大小的红薯（约450克），擦洗干净
2个中等大小的甜苹果，削皮，去核，切块
5~6汤匙水

左图：奶油南瓜、梨子、杏子果蔬泥

再试试这些水果

苹果、草莓、香蕉泥

　　将全部食材放进炖锅，用小火煮约8分钟，或直到苹果熟软。用料理棒把炖好的食材打成泥。

 5分钟

⊟ 10分钟

◔ 3份

❋ 可以冷冻

2个小的甜苹果（约175克），削皮，去核，切块

60克草莓，摘掉叶子和蒂，每个切成4份

半根小香蕉，剥皮，切块

蓝莓香蕉泥

　　将黄油放进炖锅加热融化。加入其余食材，和黄油一起翻炒约3分钟，直到蓝莓熟软。用料理棒把食材打成泥。

✎ 5分钟

⊟ 5分钟

◔ 2份

❋ 不可冷冻

一小块黄油

100克蓝莓，洗净

2根小香蕉，剥皮，切片

2汤匙凉水

苹果、杏子、梨子泥（香草风味）

/ 8分钟

▭ 7~8分钟

◉ 3份

❊ 可以冷冻

75克杏干，切碎

1个大的甜苹果（150克），削皮，去核，切块

3汤匙苹果汁

2汤匙水

几滴香草精

1个成熟的大梨子（约200克），削皮，去核，切块

把杏干、苹果放进厚底炖锅，加入苹果汁、水和香草精后烧开，然后盖上锅盖，用小火继续煮4分钟。再将梨子放进锅里，再炖2~3分钟。用料理棒把炖好的食材打成泥。

杏干是非常有益健康的食物。晒干的过程中，杏子的营养成分得到浓缩。杏干含有丰富的铁元素、维生素 A 和维生素 C。

杏干、葡萄干等果干的外皮对宝宝来说不好消化。如果选用它们制作辅食，要先用手摇研磨机把外皮去掉。

苹果、梨子、蓝莓泥（香草风味）

将全部食材放进厚底炖锅，盖上锅盖，用小火炖约6分钟。用搅拌器把炖好的食材打成泥。

✏ 7分钟

▦ 6分钟

🍽 2份

❄ 可以冷冻

1个甜苹果，削皮，去核，切块
1个成熟的梨子，削皮，去核，切块
40克蓝莓，洗净
1/4茶匙香草精

苹果、杏子、梨子泥

将苹果、杏干和水一起放进炖锅，盖上锅盖，烧开。然后再用小火炖约5分钟。放入梨子，再炖约2分钟。把炖好的食材捣成顺滑的泥。

在一只小碗里把婴儿米粉和母乳（或配方奶）调匀，然后和果泥拌在一起。

苹果、杏子、梨子和香蕉一起捣成泥，味道很棒。但要现吃现做，因为香蕉不适合冷冻。

✏ 8分钟

▦ 10分钟

🍽 2份

❄ 可以冷冻

1个甜苹果，削皮，去核，切块
60克杏干，切大块
4汤匙水
1个成熟的梨子，削皮，去核，切块
1汤匙婴儿米粉
2汤匙母乳或配方奶

左图：苹果、梨子、蓝莓水果泥（香草风味）

桃子、苹果、梨子、香蕉泥

将全部食材放进一口厚底炖锅，盖上锅盖，用小火炖约7分钟，或直到苹果熟软。用料理棒把炖好的食材打成泥。

/ 7分钟

▭ 7分钟

◔ 3份

✳ 可以冷冻

1个成熟的桃子，剥皮（方法详见下文），
去核，切块
1个甜苹果，削皮，去核，切块
1个梨子，削皮，去核，切块
1根小的香蕉，剥皮，切片
4汤匙水

要给桃子那样果肉柔软的水果剥皮，可以先用尖刀在水果顶部划出十字小口，然后把水果放进碗里，倒入开水浸泡1分钟。再捞出用冷水冲洗，这时果皮就很容易剥掉了。

糖渍苹果葡萄干泥

　　将橙汁放进炖锅加热。然后加入苹果和葡萄干，用小火炖约5分钟，直到食材熟软。如果锅中食材太干了，可以再添少许水。用料理棒把炖好的食材打成泥。

✎ 5分钟

▭ 6分钟

⊙ 8份

❋ 可以冷冻

3汤匙现挤的新鲜橙汁

2个甜苹果，削皮，去核，切块

15克葡萄干，洗净

油桃香蕉粥

　　在一只小碗里，用凉白开冲泡麦片。用料理棒把油桃和香蕉打成泥，然后和麦片拌在一起。

✎ 5分钟

▭ 20分钟

⊙ 1份

❋ 不可冷冻

1汤匙婴儿麦片

1汤匙凉白开

1个成熟的油桃，剥皮，去核，切块

半根成熟的小香蕉，剥皮，切片

左图：油桃香蕉粥

苹果、梨子、葡萄干粥

将苹果、梨子、葡萄干放进一口厚底炖锅，加入饮用水，盖上锅盖，烧开。烧开后调成小火，再煮约8分钟，或直到苹果熟软。用料理棒把炖好的食材打成泥。

用凉白开冲调婴儿麦片，然后和果泥混合在一起。

✎ 7分钟

▭ 10分钟

◔ 3份

✳ 可以冷冻

2个甜苹果，削皮，去核，切块
2个成熟的梨子，削皮，去核，切块
30克葡萄干
4汤匙饮用水
2汤匙婴儿麦片
2汤匙凉白开

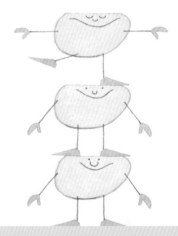

梨子是最不易引发过敏的食物之一，是理想的辅食。

李子泥

✎ 5分钟

▭ 5分钟

◷ 1份

❄ 可以冷冻

2个成熟的大李子，剥皮，去核，切块
少许婴儿米粉、碎面包干或者香蕉泥

如果选用的李子已经熟透了，直接捣烂即可；如果还有点生，可以先将李子蒸几分钟，直到熟软后再捣成泥。把做好的李子泥和婴儿米粉、碎面包干或香蕉泥拌在一起。

李子苹果泥

✎ 8分钟

▭ 12分钟

◷ 2份

❄ 可以冷冻

3个成熟的李子（150克），剥皮，去核，切块
2个甜苹果，削皮，去核，切块
6汤匙水
30克无核小葡萄干

将全部食材放进一口小炖锅，烧开。烧开后调成小火，煮约10分钟，或直到食材熟软。把炖好的食材打成顺滑的泥。

桃李香蕉泥

把果料放进厚底炖锅，用小火炖约4分钟，直到果肉熟软。用料理棒把炖好的果料打成泥。

✎ 10分钟

▤ 4分钟

🍽 3份

❄ 可以冷冻

4个成熟的甜李子（200克），剥皮，去核，切块
1个成熟的大桃子（150克），剥皮，去核，切块
1根小的香蕉，剥皮，切片

桃子香蕉泥

用叉子把桃子和香蕉捣烂（也可以用料理棒打成泥），可以直接这样给宝宝吃，也可以和婴儿米粉拌在一起喂食。

✎ 10分钟

🍽 3份

❄ 不可冷冻

1个熟透、多汁的桃子，剥皮，去核
半根成熟的小香蕉
少许婴儿米粉（可选）

可以用油桃代替桃子。甜甜的白肉油桃尤其美味。

/ 10分钟

🍥 3份

❄ 可以冷冻

1个熟透、多汁的桃子，剥皮，去核
少许婴儿米粉（可选）

桃子泥

把桃子捣烂，或者用料理棒打成泥。如果觉得桃子泥太稀，可以拌入少许婴儿米粉。

/ 5分钟

🍥 3份

❄ 可以冷冻

半个成熟的小芒果
2只草莓，洗净，摘掉叶子和蒂

芒果草莓泥

剥掉芒果皮，从果核上切下芒果肉。把芒果肉和草莓一起打成泥。

/ 10分钟

▭ 5分钟

🍥 2份

❄ 可以冷冻

2个中等大小的成熟桃子，剥皮，去核，切块
40克蓝莓

桃子蓝莓泥

将桃子和蓝莓放进炖锅，用中火炖3分钟。把炖好的果肉打成泥。

儿童脆饼干

　　烤箱预热到 180℃（如果使用的是燃气烤箱，则调到 4 挡）。在烤盘里铺上不粘烘焙纸。

　　将黄油和糖放在一起，用电动打蛋器搅匀（用木勺手动搅拌也可以）。再加入鸡蛋、面粉、泡打粉和肉桂粉混合，揉成面团。把面团放在撒了少许面粉的案板上揉 5 分钟，直到面团变得光滑、不再粘手。

　　把面团分成两半，把每一份整理成长 18 厘米、宽 4 厘米、厚 2 厘米的长条形。把整好的面团放在烤盘上，进烤箱烘烤 25 分钟。

　　烤好的面团有点像大大的香肠。把它们端出烤箱，切成 2 厘米宽的片状。把切好的片状面团再摆回烤盘，放回烤箱烤 20 分钟。记得中途烤到 10 分钟的时候把它们翻个面再继续烤。

🖊 10分钟
▭ 45分钟
🍥 20份
❀ 可以冷冻

50克黄油，室温软化
50克黄砂糖
1个鸡蛋
150克中筋面粉
1茶匙泡打粉
1/2茶匙肉桂粉

这种脆饼干可以搭配任何果泥给宝宝喂食。

探索新滋味

6~9月龄

蔬菜食谱

土豆、韭葱、胡萝卜、豌豆泥

将黄油放进炖锅，加热融化。韭葱下锅，煎炒3~4分钟，然后加入土豆、胡萝卜，并倒入鸡汤或蔬菜高汤一起煮。烧开后，调成小火，盖上锅盖，炖10分钟。然后将速冻豌豆下锅，煮约6分钟，直到所有食材熟软。最后用料理机把煮好的食材打成泥。

✎ 6分钟

☐ 20分钟

⏲ 4份

❄ 可以冷冻

25克无盐黄油

60克韭葱，洗净，切段

175克土豆，削皮，切成大块

1根中等大小的胡萝卜（100克），

削皮，切片

300毫升无盐鸡汤或蔬菜高汤

50克速冻豌豆

速冻蔬菜（如速冻豌豆）是在采摘之后几小时之内就被冷冻起来的，所以其中重要的营养成分并未流失，含量基本上和新鲜蔬菜一样。速冻蔬菜做熟后，还可以再次冷冻起来储存。

综合绿色蔬菜泥

⟋ 7分钟

▭ 25分钟

◔ 4份

❋ 可以冷冻

15克无盐黄油

半只小的洋葱（40克），剥皮，切块

250克土豆，削皮，切成大块

375毫升无盐蔬菜高汤或水

50克西蓝花

50克速冻豌豆

将黄油放进炖锅，加热融化。洋葱下锅，煎炒约5分钟，直到变得熟软但颜色还未变焦黄。然后加入土豆，并倒入水或蔬菜高汤。盖上锅盖，烧开。烧开后，煮10分钟。然后加入西蓝花，煮3分钟。最后豌豆下锅，煮3分钟。将煮好的食材用手摇研磨机打成泥。

也可以用菠菜、西葫芦等其他绿色蔬菜来制作。

红薯、菠菜、豌豆泥

　　将黄油放进炖锅，加热融化。韭葱下锅，煎炒3~4分钟，或直到熟软。然后放入红薯，并倒入200毫升水，盖上锅盖，烧开。再用小火炖7~8分钟。最后将豌豆和菠菜下锅，再煮3分钟。

　　用搅拌机把煮好的食材打成顺滑的泥。如果蔬菜泥太稠了，可以添加少许煮菜的水。

🔪 7分钟

🍳 15分钟

⏱ 5份

❄ 可以冷冻

25克无盐黄油

50克韭葱，洗净，切薄片

375克红薯，削皮，切块

50克速冻豌豆

75克新鲜嫩菠菜，洗净，切掉粗菜梗

　　将菠菜和带有甜味的蔬菜（如红薯）搭配在一起，宝宝更容易接受。也可以用西蓝花代替菠菜来制作。

小扁豆*蔬菜泥

🔪 10分钟

🍳 20分钟

🍽 3份

❄ 可以冷冻

1汤匙橄榄油

50克韭葱，切薄片

半根中等大小的胡萝卜（50克），切薄片

半瓣蒜，拍碎

50克罐头装绿扁豆，沥掉汁水，用水洗净

200克罐头装西红柿块

100毫升水

1茶匙西红柿泥

1小片月桂叶

1枚即食杏干，切碎

1汤匙切碎的罗勒叶片

2汤匙无添加的酸奶（全脂）

将橄榄油放进炖锅加热。加入韭葱、胡萝卜和蒜，煎炒5分钟。再加入绿扁豆、西红柿块、水、西红柿泥、月桂叶和杏干一起煮。烧开后，盖上锅盖，用小火炖8~10分钟。

把炖好的食材用料理棒打成顺滑的泥，再和碎罗勒叶、酸奶拌在一起。

罐头装小扁豆本身就是熟的。所以制作这道菜泥很省时间。

*译者注：小扁豆（lentil），又叫滨豆，分为红扁豆、绿扁豆。在中国，人们主要用小扁豆制作面食。小扁豆和一般用来炒菜的扁豆是不同的品种。

小扁豆、奶酪、胡萝卜泥

　　将植物油放进一口大炖锅加热。洋葱下锅煎炒，直到熟软。加入洗净、控干的红扁豆。然后将胡萝卜下锅，并倒入400毫升开水，烧开。盖上锅盖，用中火煮约25分钟。

　　利用这段时间，把黄油放进一口小炖锅加热融化。将西红柿下锅煎炒至糊状后，加入切达奶酪。

　　捞出大炖锅里的胡萝卜、红扁豆等食材，煮菜水不要倒掉。把煮好的蔬菜、125毫升煮菜水和西红柿奶酪糊放进料理机，一起打成泥。

✎ 7分钟

▭ 30分钟

◔ 4份

❄ 可以冷冻

半汤匙植物油

1个小的洋葱（50克），剥皮，切碎

25克红扁豆

2根中等大小的胡萝卜（200克），削皮，切片

15克无盐黄油

2个西红柿，剥皮（剥皮方法详见本页左下角），去籽，切块

50克切达奶酪，用擦丝器擦碎

　　要给西红柿剥皮，可以用尖刀在西红柿顶部切出十字口。把西红柿放进碗里，倒入开水没过，浸泡1分钟。然后捞出西红柿，用冷水冲洗。这时表皮就很容易撕掉了。

小扁豆综合蔬菜泥

⟋ 7分钟

▤ 30分钟

🕙 5份

✳ 可以冷冻

1汤匙葵花籽油

1个小的洋葱（50克），剥皮，切碎

1根中等大小的胡萝卜（100克），切块

15克芹菜，洗净，切段

50克红扁豆，洗净

1个中等大小的红薯（225克），削皮，切块

300毫升无盐蔬菜高汤或水

30克切达奶酪，用擦丝器擦碎

锅中放入葵花籽油，加热。将洋葱、胡萝卜和芹菜下锅，煎炒约5分钟，或直到食材熟软。再将小扁豆下锅，翻炒1分钟。最后加入红薯，并倒入蔬菜高汤或水烧开。烧开后调成小火，盖上锅盖煮约20分钟，或直到小扁豆熟软。

把煮好的食材用搅拌机打成泥，和擦碎的奶酪混合，搅拌至奶酪融化。

小扁豆泥十分美味，很受宝宝欢迎。小扁豆富含蛋白质、铁元素。如果有意把宝宝培养成素食主义者，在食谱里加上小扁豆是非常好的选择。

奶酪酱汁蔬菜泥

5分钟

10分钟

4份

可以冷冻

75克花椰菜，切块

50克西蓝花，切块

1根中等大小的胡萝卜（100克），削皮，切片

50克速冻豌豆

奶酪酱汁

15克无盐黄油

15克面粉

200毫升牛奶

40克切达奶酪，用擦丝器擦碎

锅中放入开水，将花椰菜、西蓝花和胡萝卜放上蒸屉，隔水蒸4分钟。再将速冻豌豆放上蒸屉，蒸3分钟。

利用这段时间来做奶酪酱汁。先把黄油放进炖锅加热融化，然后一边加入面粉一边搅拌均匀，煮1分钟。再分几次往锅里倒进牛奶，烧开。调成小火，再煮几分钟，直到牛奶糊变得浓稠。把擦碎的奶酪倒进锅里拌匀，直到奶酪融化。

把做好的奶酪酱汁浇在蒸好的菜料上，再搅打成泥状。如果是给大一点的宝宝吃，把蔬菜切碎，和酱汁拌在一起就可以了。如果是给较小的宝宝吃，可以多添些牛奶，让蔬菜泥变得稀一些。吃的时候，每次舀几勺放进宝宝的小碗，晾至微温再喂食。

虽然宝宝一周岁之内都要喝母乳或配方奶，但全脂牛奶用来制作辅食是没有问题的。

西红柿奶酪蔬菜泥

锅内放入开水，将胡萝卜放上蒸屉，隔水蒸14分钟。然后把花椰菜放上蒸屉，再蒸6分钟。

利用这段时间，把黄油放进平底锅加热融化。西红柿下锅，煎炒约2分钟，微微软烂即可。将擦碎的奶酪下锅，搅拌至融化。

将蒸好的食材和奶酪西红柿糊一起打成泥。

✎ 6分钟

🍳 20分钟

🕙 6份

❄ 不可冷冻

2根中等大小的胡萝卜（200克），削皮，切片

100克花椰菜，切小块

一大块无盐黄油

3个西红柿，剥皮，去籽，切块

75克切达奶酪，用擦丝器擦碎

花椰菜含有芥子油苷。这是一种含硫化合物，对某些癌症有一定的预防作用。

胡萝卜、红薯、西蓝花泥

✏ 7分钟

🍳 20分钟

🍴 5份

❄ 可以冷冻

20克无盐黄油

75克韭葱，择好，洗净，切段

2根中等大小的胡萝卜（150克），削皮，

切块

150克红薯，削皮，切块

150毫升牛奶

150毫升水

50克西蓝花

25克帕玛森奶酪，用擦丝器擦碎

　　将黄油放进炖锅加热融化。韭葱、胡萝卜和红薯下锅，煎炒3分钟。再将牛奶和水倒进锅里，和食材一起烧开。烧开后，盖上锅盖，小火炖10分钟。最后放入西蓝花，再煮5分钟，直到食材全部熟软。

　　把煮好的食材搅成泥，再加入奶酪，搅拌至奶酪融化。

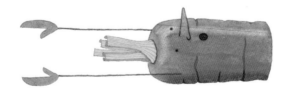

综合甜味蔬菜泥

　　将所有蔬菜放进蒸锅，蒸约20分钟，或直至熟软。

　　也可以把蔬菜放进炖锅，倒入盖过食材的开水，烧开。然后调成小火，盖上锅盖，继续炖约20分钟，或直到所有蔬菜熟软。

　　捞出蔬菜，控干，用料理棒打成泥。再加入牛奶和擦碎的奶酪混合，拌匀成顺滑的泥状。

🔪 10分钟

▭ 20分钟

🍽 3~4份

❄ 可以冷冻

150克奶油南瓜，削皮，去瓤去籽，切块
1根欧防风（75克），削皮，切块
2根中等大小的胡萝卜（150克），削皮，切块
3汤匙牛奶
1汤匙切达奶酪，用擦丝器擦碎

　　根菜类蔬菜带有天然的甜味，宝宝很喜欢，而且也易于消化。

地中海风味烩菜

✎ 12分钟

▭ 30分钟

✇ 8份

❋ 可以冷冻

1汤匙橄榄油

1个中等大小的洋葱（140克），剥皮，
切块

1个小的西葫芦（125克），洗净，切块

半个红色甜椒（50克）洗净，去瓤去籽，
切块

75克茄子，洗净，切块

1瓣蒜，拍碎

175克奶油南瓜，削皮，去瓤去籽，切块

400克罐头装西红柿块

100毫升水

2汤匙切碎的罗勒叶

40克切达奶酪，用擦丝器擦碎

将橄榄油放进炖锅加热。洋葱下锅，煎炒2分钟。加入西葫芦、红甜椒、茄子和蒜，煎炒3分钟。将南瓜、西红柿下锅，并倒入100毫升水烧开。盖上锅盖，用小火炖20分钟，直到蔬菜熟软。将罗勒碎撒入锅中，一起拌成顺滑的泥。如果是给大一点的宝宝吃，用叉子把菜料稍微捣烂即可。最后加入奶酪，搅拌至奶酪融化。

> 宝宝的辅食一点盐都不能放。添加蒜和各种香草是给辅食提味的好方法。

鱼肉食谱

胡萝卜、西红柿、奶酪、比目鱼泥

　　锅中放入开水，将胡萝卜放进蒸屉，隔水蒸20分钟。

　　利用这段时间，把鱼肉片和牛奶放进微波炉专用的盘子。取15克黄油，均匀点在鱼肉上。给盘子盖上盖子，留一道窄缝透气。微波炉高火加热2~3分钟。也可以把鱼肉放进平底锅，倒入一些牛奶，用小火煨约5分钟，或直到鱼肉熟透。

　　将剩余的黄油放进一口炖锅加热融化。西红柿下锅煎炒，直至软烂。再把奶酪撒进锅里，搅拌至奶酪融化。

　　把蒸好的胡萝卜和西红柿奶酪糊混合在一起。将煨熟的鱼肉控干，分成小片。一定要把鱼刺挑干净。再将鱼肉和胡萝卜西红柿糊混合拌匀。如果是给较小的宝宝吃，要把最后做出的胡萝卜西红柿鱼肉泥捣得更顺滑一些。

／ 7分钟

▭ 25分钟

◷ 4份

❋ 可以冷冻

3根中等大小的胡萝卜（250克），削皮，切片

225克比目鱼肉片，去皮，去骨

2汤匙牛奶

40克无盐黄油

2个成熟的西红柿，剥皮，去瓤去籽，切块

40克切达奶酪，用擦丝器擦碎

　　在宝宝初次尝试鱼肉时，肉质柔软的比目鱼是理想的选择。

105

比目鱼泥

/ 15分钟

▭ 20分钟

⊛ 5份

❋ 可以冷冻

15克无盐黄油

75克韭葱，洗净，择好，切段

2根中等大小的胡萝卜（150克），削皮，切块

150克土豆，削皮，切块

150毫升牛奶

150毫升水

150克柠檬鳎*肉片，去皮去骨，切成小块

30克菠菜，洗净，切碎

1汤匙切碎的莳萝叶

1茶匙柠檬汁

25克帕玛森奶酪，用擦丝器擦碎

将黄油放进炖锅加热融化。韭葱、胡萝卜和土豆下锅，煎炒3分钟。往锅里倒入牛奶和水，烧至沸腾。烧开后盖上锅盖，小火炖10分钟。然后将比目鱼、菠菜、莳萝碎和柠檬汁放入锅中煮5分钟。

把煮好的食材拌匀，加入奶酪，搅拌至奶酪融化。

宝宝吃鱼好处多多。在宝宝顺利渡过了辅食起步阶段后，就可以尽早在辅食中引入鱼肉了。加入新鲜的莳萝可以让这道鱼泥的味道更棒。

*译者注：柠檬鳎（lemon sole）是一种常见的欧洲比目鱼，也可以用其他比目鱼代替。

红薯、橙汁、比目鱼泥

✏ 5分钟

🍳 15分钟

🍥 4份

❄ 可以冷冻

1个红薯（约450克），削皮，切块

175克比目鱼肉片，去皮，去骨

1只橙子挤出的汁（约100毫升）

50克切达奶酪，用擦丝器擦碎

一块无盐黄油

在锅中放入开水，将红薯放进蒸屉，隔水蒸约10分钟，或直至熟软。也可以把红薯放进平底锅，倒少许水没过，烧开。然后调成小火接着煮，直到红薯煮软。

利用这段时间，把鱼肉放在微波炉专用的盘子里，倒入橙汁，撒上擦碎的奶酪。盖上盖子，留一道缝透气。放入微波炉，高火加热3分钟，或者直到鱼肉能用叉子轻易地分成小块。

也可以把鱼肉和橙汁放进炖锅，煨几分钟，直到鱼肉煮熟。然后把擦碎的奶酪撒进锅里，搅拌至奶酪融化。

用叉子把鱼肉分成小片，确保没有鱼刺。然后把红薯和黄油搅拌均匀，再拌入鱼肉。

如果宝宝比较小，可以把红薯和鱼肉打成泥状。

舀几勺鱼泥放进宝宝的小碗，晾到微温再喂食。

三文鱼泥

　　将胡萝卜放进炖锅，加水没过，烧开。然后调成中火，再煮约20分钟，直到胡萝卜熟软。也可以把胡萝卜放进蒸屉，隔水蒸20分钟。

　　利用这段时间，把三文鱼肉片放进微波炉专用盘，倒入橙汁，撒上擦碎的奶酪。盖上盖子，留一道缝透气。放进微波炉，用高火加热约2分钟，或直到鱼肉能用叉子轻易地分成一小片一小片。也可以用铝箔纸把鱼肉包起来，放进预热到180℃（如果使用的是燃气烤箱，则调到4挡）的烤箱，烘烤约20分钟。

　　鱼肉盘中的汤汁不要倒掉。用叉子把鱼肉分成小片，挑净鱼刺。

　　捞出胡萝卜，将它和黄油、牛奶混合，再和鱼肉、盘中的汤汁一起放进搅拌机打成泥。如果宝宝比较大了，直接把胡萝卜、黄油和牛奶混合、捣烂，再和碎鱼肉拌在一起即可。

✎ 10分钟

▭ 25分钟

◉ 3份

❋ 可以冷冻

2根中等大小的胡萝卜（200克），削皮、切片

125克三文鱼肉片，去皮去骨

60毫升橙汁

40克切达奶酪，用擦丝器擦碎

15克无盐黄油

2汤匙牛奶

南瓜、菠菜、三文鱼泥

　　将葵花籽油放进炖锅加热。洋葱下锅，煎炒3分钟。再将奶油南瓜下锅，并倒入水，用小火炖15分钟，直到南瓜煮软。然后加入三文鱼和菠菜，翻炒3分钟，直到鱼肉和菠菜都变熟。最后往锅里放入奶油奶酪、帕尔玛奶酪和莳萝碎。

　　用料理棒把混合食材打成泥。

- 🥄 10分钟
- ▭ 25分钟
- ⏱ 4份
- ❄ 可以冷冻

2汤匙葵花籽油

半个小的洋葱（30克），剥皮，切块

200克奶油南瓜，削皮，去瓤去籽，切块

350毫升水

225克三文鱼肉片，去皮去骨，切块

50克嫩菠菜，洗净

2汤匙奶油奶酪

1汤匙帕尔玛奶酪，用擦丝器擦碎

2茶匙切碎的莳萝叶

　　三文鱼等油性鱼类含有人体必需的脂肪酸，对于大脑、神经系统和视觉的发育有重要作用。而出生后的第一年内，宝宝的大脑发育是十分迅速的。

红薯豌豆炖三文鱼

/ 5分钟

▢ 15~17分钟

⊛ 3份

⊛ 可以冷冻

150毫升无盐蔬菜高汤或水

125克红薯，削皮，切块

100克三文鱼肉片，去皮去骨，切成1厘米的小块

2汤匙速冻豌豆

40克熟制切达奶酪，用擦丝器擦碎

将红薯放进炖锅，并倒入蔬菜高汤或水，烧开。盖上锅盖，用中火炖7~8分钟，或直到红薯熟软。将三文鱼和豌豆下锅，盖上锅盖，煮3~4分钟，直到鱼肉能轻易地被分成小片，豌豆也已煮软。把锅端离炉灶，将奶酪撒进锅里拌匀。

如果宝宝比较小，就把食材打成泥。如果是给大一点的宝宝吃，直接将食材捣碎即可。

市售的罐装辅食里很少有三文鱼等油性鱼类。然而油性鱼类所含的脂肪酸对宝宝的成长非常重要。这样的脂肪是大脑的主要构成成分。也正是因为如此，母乳里50%的热量都以脂肪的形式存在。

儿童鱼派

　　将土豆和洋葱放进炖锅，倒入牛奶和鱼汤，烧开。盖上锅盖，用小火炖 10 分钟。最后将豌豆和鳕鱼下锅，再煮 5 分钟。

　　煮好的食材搅打成泥，再加入柠檬汁、奶酪和莳萝碎。

✎ 10分钟

▭ 20分钟

◷ 4份

❄ 可以冷冻

200克土豆，削皮，切大块

1个小的洋葱（60克），削皮，切碎

100毫升牛奶

100毫升无盐鱼汤

50克速冻豌豆

150克鳕鱼肉片，去皮去骨，切成小方块

1茶匙柠檬汁

3汤匙帕尔玛奶酪，用擦丝器擦碎

1茶匙切碎的莳萝叶

胡萝卜、豌豆、鳕鱼泥

将黄油放进炖锅加热融化。洋葱、胡萝卜和芹菜下锅，煎炒5分钟。再将土豆下锅，倒入牛奶和水烧开。盖上锅盖，用小火炖15分钟。最后将豌豆和黑线鳕下锅，煮4~5分钟。把煮好的食材打成泥，加入奶酪，搅拌均匀。

 10分钟

🍳 30分钟

⚙ 5份

❄ 可以冷冻

20克无盐黄油

半个大的洋葱（100克），剥皮，切块

1根中等大小的胡萝卜（100克），削皮，切块

75克芹菜，洗净，切段

175克土豆，削皮，切块

200毫升水

150毫升牛奶

50克速冻豌豆

175克黑线鳕鱼片，去皮去骨，切块

50克熟制切达奶酪，用擦丝器擦碎

橙汁、南瓜、鳕鱼泥

将葵花籽油放进炖锅加热。洋葱、红色甜椒、奶油南瓜和红薯下锅，煎炒5分钟。再将西红柿下锅，倒入橙汁和水，烧开。盖上锅盖，用小火炖10分钟。最后加入鳕鱼，炖5分钟。把煮好的食材搅成顺滑的泥。

✎ 15分钟

▭ 25分钟

◉ 5份

❋ 可以冷冻

1汤匙葵花籽油

半个中等大小的洋葱（75克），剥皮，切块

30克红色甜椒，洗净，去瓤去籽，切块

150克奶油南瓜，削皮，去瓤去籽，切块

75克红薯，削皮，切块

250克罐头装西红柿块

5汤匙橙汁

250毫升水

150克鳕鱼肉片，去皮去骨，切块

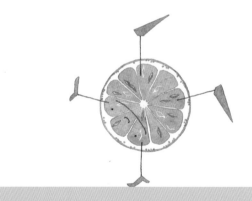

处理南瓜比较费时间。可以在超市选购已削皮、切块的南瓜。

鸡肉食谱

红薯、苹果、鸡肉泥

将黄油放进炖锅加热融化。洋葱下锅，煎炒2~3分钟。再将鸡肉下锅，炒几分钟，直到鸡肉变白。红薯和苹果下锅，再把鸡汤倒进锅里，烧开。盖上锅盖，用小火炖12分钟。把炖好的食材打成稠度适中的泥。

🔪 10分钟

▥ 25分钟

🕰 8份

❄ 可以冷冻

15克无盐黄油

半个小的洋葱（40克），剥皮，切块

110克鸡胸肉，切块

300克红薯，削皮，切块

半个甜苹果，削皮，切块

200毫升无盐鸡汤

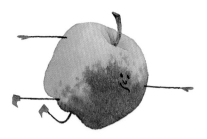

鸡肉含有丰富的蛋白质和维生素 B_{12}，是促进宝宝成长的理想辅食，而多数蔬菜里是不含维生素 B_{12} 的。

土豆鸡肉什锦烩

/ 6分钟

□ 16~17分钟

◑ 5份

⊛ 可以冷冻

1汤匙植物油

1个中等大小的洋葱（约140克），剥皮，
切块

225克土豆，削皮，切大块

175毫升无盐蔬菜高汤或鸡汤

50克鲜甜玉米粒或速冻甜玉米粒

60毫升牛奶

50克熟鸡肉，切碎

将植物油放进炖锅加热，洋葱下锅煎炒至熟软。再将
土豆下锅，倒入蔬菜高汤或鸡汤，烧开。盖上锅盖，用小
火继续炖约12分钟。再将甜玉米粒下锅，倒入牛奶，煮
2~3分钟。

用手摇研磨机把煮好的食材和鸡肉一起搅成泥，再次
完全加热。

如果是给大一点的宝宝吃，可以用手摇研磨机把洋葱
和土豆一起打成泥，直接和甜玉米粒、鸡肉拌在一起即可。

如果想调成汤羹一样的浓度，稍微多加一些牛奶或者
高汤即可。

如果直接打成泥，甜玉米粒的外皮会变成一块一
块的，不好消化。所以给小一点的宝宝吃时，可以用
手摇研磨机来处理食材，这样可以把外皮磨掉。如果
宝宝大一些了，可以先把土豆和其他食材打成泥，然
后再和甜玉米粒拌在一起。

南瓜、龙蒿、鸡肉泥

将黄油放进炖锅加热融化。洋葱下锅，煎炒约5分钟，直到熟软。再将奶油南瓜和鸡肉下锅，煎炒约5分钟，至鸡肉变白。往锅里加入面粉，再倒入牛奶搅匀、烧开。不断搅拌，直到牛奶糊变得有点稠。再加入柠檬皮碎屑和柠檬汁。盖上锅盖，煮10分钟，直到南瓜煮软、鸡肉熟透。用料理棒把煮好的食材打成泥，和奶酪、龙蒿碎拌在一起。

🖊 10分钟

🍳 25分钟

🍲 2份

❄ 可以冷冻

1块无盐黄油

半个大的洋葱（100克），剥皮，切碎

100克奶油南瓜，削皮，去瓤去籽，切块

100克鸡胸肉，切小块

1汤匙中筋面粉

100毫升牛奶

一撮柠檬皮碎屑

1茶匙柠檬汁

1汤匙帕尔玛奶酪，用擦丝器擦碎

一撮切碎的龙蒿叶

安娜贝尔美味鸡肉泥

✎ 10分钟

▭ 20分钟

☻ 5份

❋ 可以冷冻

1汤匙葵花籽油

半个中等大小的红洋葱（75克），剥

皮，切块

半个红色甜椒（50克），洗净，去籽，

切块

75克苹果，削皮，去核，切块

1根中等大小的胡萝卜（100克），削

皮，切块

150克鸡肉馅或火鸡肉馅

2瓣蒜，拍碎

10克西梅干，切碎

半茶匙肉桂粉

400克罐头装西红柿块

150毫升水

1茶匙西红柿泥

将葵花籽油放进平底锅加热。洋葱、红色甜椒、苹果和胡萝卜下锅，煎炒2分钟。再将鸡肉馅或火鸡肉馅、蒜、西梅和肉桂下锅翻炒，直到肉馅微焦。将西红柿下锅，倒入水，再放入西红柿泥，烧开。盖上锅盖，再用小火炖15分钟。把炖好的食材搅成顺滑的泥。

西梅可以快速为身体补充能量，富含纤维素和铁元素，还有天然的通便作用，可以缓解便秘。

奶香红薯鸡肉泥

🔪 5分钟

🍳 10分钟

🥘 2份

❄️ 可以冷冻

150克红薯，削皮，切块

10克无盐黄油

1汤匙中筋面粉

150毫升牛奶

15克切达奶酪，用擦丝器擦碎

30克熟鸡肉，切碎

将红薯蒸约10分钟，或直到熟软。

利用这段时间，把黄油放进一口小炖锅加热融化。往锅里撒入面粉，搅成面糊。再分次倒入牛奶，烧开。然后调成小火，再煮几分钟。把锅从火上端开，往锅里撒入奶酪碎，搅拌至奶酪融化。

把红薯、碎鸡肉和奶酪酱汁混合，用料理棒打成泥。

这道鸡肉泥是消耗家里剩余熟鸡肉的好办法。

地中海风味蔬菜鸡肉泥

将葵花籽油放进炖锅加热。洋葱、红色甜椒、茄子和西葫芦下锅，煎炒3分钟。再将鸡肉和蒜下锅，煎炒1分钟。再放入西红柿、水、西红柿泥和牛至叶，烧开。盖上锅盖，小火炖15分钟。把炖好的食材搅成顺滑的泥。

 10分钟

🍳 20分钟

🕐 5份

❄ 可以冷冻

1汤匙葵花籽油

半个中等大小的洋葱（75克），剥皮，切块

1个红色小甜椒，洗净，去籽，切块

50克茄子，洗净，切块

半个西葫芦（75克），洗净，切块

100克鸡胸肉，切块

2瓣蒜，拍碎

400克罐头装西红柿块

100毫升水

2茶匙西红柿泥

1/4茶匙晒干的牛至叶

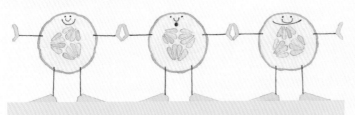
地中海式饮食十分健康，这样的食物非常适合宝宝吃。

125

甜玉米鸡肉泥

将葵花籽油放进炖锅加热。洋葱和胡萝卜下锅，煎炒3分钟。再将红薯、土豆、鸡肉和甜玉米粒下锅，倒入牛奶和水，烧开。盖上锅盖，用小火炖15分钟。把炖好的食材搅成泥，然后加入奶酪，搅拌至奶酪融化。最后拌入柠檬汁。

✎ 10分钟

▭ 20分钟

◉ 5份

❄ 可以冷冻

1汤匙葵花籽油

半个大的洋葱（100克），剥皮，切块

1根中等大小的胡萝卜（100克），削皮，切块

100克土豆，削皮，切大块

50克红薯，削皮，切块

100克鸡胸肉，切块

100克罐头装甜玉米粒或速冻甜玉米粒

150毫升牛奶

150毫升水

25克帕尔玛奶酪，用擦丝器擦碎

半茶匙柠檬汁

欧防风红薯炖鸡肉

🔪 12分钟

🍳 25分钟

🍽 4份

❄ 可以冷冻

1汤匙葵花籽油

半个中等大小的洋葱（75克），剥皮，
切块

75克芹菜，洗净，切段

1根中等大小的胡萝卜（100克），削
皮，切块

100克红薯，削皮，切块

1根中等大小的欧防风（75克），削
皮，切块

150克鸡胸肉，切块

200毫升无盐鸡汤

100毫升牛奶

25克帕尔玛奶酪，用擦丝器擦碎

将葵花籽油放进平底锅加热。洋葱、芹菜、胡萝卜、红薯、欧防风下锅，煎炒5分钟。再将鸡肉下锅，煎炒1分钟。往锅里倒入鸡汤和牛奶，烧开。盖上锅盖，用小火炖15分钟。往锅里放入帕尔玛奶酪，拌匀。

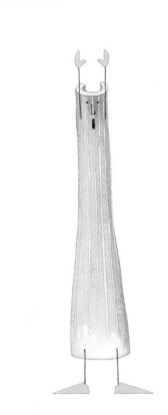

牛肉食谱

蘑菇、欧防风、胡萝卜、牛肉泥

将葵花籽油放进炖锅加热。洋葱和牛肉下锅，煎炒5分
钟。再将蘑菇、胡萝卜和欧防风下锅煎炒，直到所有食材
熟软。往锅里倒入牛肉汤，再放入百里香和西红柿泥一起
烧开。盖上锅盖，小火炖20分钟。

把炖好的食材搅成泥，加入奶酪一起拌匀，直到奶酪
融化。

✏ 10分钟

▭ 30分钟

◉ 6份

❄ 可以冷冻

1汤匙葵花籽油

半个大的红洋葱（100克），剥皮，切块

150克牛肉馅

50克栗蘑，洗净，切块

1根中等大小的胡萝卜（100克），削皮，
切块

1根大的欧防风（150克），削皮，切块

400毫升无盐牛肉汤

1茶匙切碎的百里香叶子

1汤匙西红柿泥

25克熟制切达奶酪，用擦丝器擦碎

红肉是最佳的铁元素来源，其中的铁元素极易被
人体吸收。

胡萝卜、欧防风、红薯炖牛肉泥

🥄 12分钟

🍳 1小时50分钟

🍽 5份

❄ 可以冷冻

1汤匙橄榄油

半个中等大小的洋葱（75克），剥皮，切块

1瓣蒜，拍碎

150克瘦牛肉（适合炖煮的），切块

2汤匙面粉

2根中等大小的胡萝卜（150克），削皮，切片

1根中等大小的欧防风（75克），削皮，切片

250克红薯，削皮，切块

1片月桂叶

1汤匙切碎的欧芹叶

400毫升无盐鸡汤

将橄榄油放进厚底炖锅或小砂锅中加热。洋葱和蒜下锅，翻炒3~4分钟，直到熟软。将牛肉均匀地沾上面粉，然后下锅煎炒，直至完全变色。再将胡萝卜、欧防风、红薯、月桂叶和欧芹碎下锅，往锅里倒入鸡汤，烧开。盖上锅盖，调成小火，炖1小时45分钟左右，或直到牛肉炖烂。

保留适量炖肉的汤汁，把炖好的食材打成适宜稠度的泥。

宝宝不爱吃红肉，多半是觉得难以咬动。把红肉和根菜类蔬菜混合打成泥后，口感柔滑，味道香甜，会更受宝宝喜爱。

甜椒、西红柿、牛肉泥

将橄榄油放进炖锅加热。红洋葱和甜椒下锅，煎炒5分钟，直到熟软。牛肉和香菜碎下锅，再煎2分钟至牛肉变色。然后往锅里放入西红柿和苹果汁，烧开。盖上锅盖，小火炖10分钟。

把炖好的食材用料理棒打成完全顺滑的泥。

✎ 5分钟

▭ 20分钟

⊛ 2份

❋ 可以冷冻

1汤匙橄榄油
半个大的红洋葱（100克），剥皮，切碎
半个红甜椒（50克），洗净，去瓤去籽，切碎
50克西冷牛排，切成条
一撮香菜碎
200克罐头装西红柿块
2茶匙苹果汁

宝宝体内出生时就储存着的铁元素在 6 个月大左右就消耗光了。所以在宝宝开始吃辅食以后，要尽早引导他们接受富含铁元素的食物。

胡萝卜牛肉焖锅

将炖锅加热，放入牛肉馅。烧到牛肉变色时，将洋葱、胡萝卜和芹菜下锅，煎炒3~4分钟，直到菜料颜色略带金黄。往锅里放入面粉，再加入苹果汁、牛肉汤和西红柿糊，搅匀。烧开后，往锅里加入西红柿泥和百里香。盖上锅盖，用小火炖30分钟，直到所有食材软烂。最后往锅里加入奶酪。如果宝宝还小，可以把做好的食物打成泥。

✎ 8分钟

▭ 40分钟

⊛ 5份

✳ 可以冷冻

200克瘦牛肉馅

1个大的洋葱（185克），剥皮，切碎

2根小的胡萝卜（100克），削皮，切块

1根芹菜，洗净，切小段

1汤匙中筋面粉

50毫升苹果汁

200毫升无盐牛肉汤

100毫升西红柿糊

1茶匙西红柿泥

半茶匙干燥的百里香叶子

10克帕尔玛奶酪，用擦丝器擦碎

铁元素对宝宝大脑的发育有着非常重要的作用，特别是在宝宝6个月到2岁大之间。

胡萝卜、红薯、牛肉泥

🔪 7分钟

▭ 30分钟

🍳 6份

❄ 可以冷冻

1汤匙葵花籽油

半个大的红洋葱（100克），剥皮，切块

1根中等大小的胡萝卜（100克），削皮，
切块

150克牛肉馅

1个中等大小的红薯（约450克），削皮，
切块

2瓣蒜，拍碎

400克罐头装西红柿块

10克西梅干，切碎

200毫升水

1片月桂叶

将葵花籽油放进炖锅加热。洋葱、胡萝卜下锅，煎炒2分钟。再将牛肉下锅，一起翻炒至牛肉变色。把红薯、蒜、西红柿、西梅、水和月桂叶全部放进锅中，烧开。盖上锅盖，用小火炖20分钟。捞出月桂叶。把其余的食材打成顺滑的泥。

添加西梅之类的果干，辅食泥就会带上宝宝喜欢的淡淡甜味。

牛肉焖锅

将橄榄油放进煎锅加热。洋葱下锅，煎炒2分钟。肉馅下锅，炒至变色。蒜、红薯和胡萝卜下锅，翻炒2分钟。最后将西红柿下锅，倒入水，烧开，用小火继续炖30分钟，直到食材软烂。把炖好的食材打成泥，再和奶酪搅拌均匀。

🖊 7分钟

▭ 35分钟

🍥 4份

❄ 可以冷冻

1茶匙橄榄油

1个小的洋葱（60克），剥皮，切块

50克牛肉馅

1/4瓣蒜，拍碎

100克红薯，削皮，切块

25克胡萝卜，削皮，切块

400克罐头装西红柿块

150毫升水

25克切达奶酪，用擦丝器擦碎

意大利面食谱

胡萝卜西红柿贝壳面

　　胡萝卜隔水蒸约20分钟，或直到熟软。按照包装上的说明把儿童贝壳面煮熟。

　　利用这段时间，把黄油放进一口煎锅加热。西红柿下锅，煎炒至软烂。关火，趁热往锅里放入奶酪，搅拌至融化。再撒进罗勒叶。

　　将胡萝卜、西红柿奶酪糊和3汤匙蒸菜的水一起用料理棒打成泥。捞出贝壳面，和做好的菜泥拌在一起。

✏ 8分钟

🍳 20分钟

🍴 4份

❄ 可以冷冻

2根小的胡萝卜（约125克），削皮，切片

40克安娜贝尔·卡梅尔儿童有机贝壳面

20克无盐黄油

3个中等大小的西红柿（约225克），剥皮，去瓤去籽，每个切成4块

40克切达奶酪，用擦丝器擦碎

2片新鲜的罗勒叶，撕碎

　　当胡萝卜搭配少许黄油或食用油烹制时，里面的β-胡萝卜素更容易被人体吸收，特别有益健康。西红柿里的抗氧化物（番茄红素）也是如此。

儿童蔬菜面

✐ 10分钟

▭ 18分钟

🕒 4份

❄ 可以冷冻

50克安娜贝尔·卡梅尔儿童有机贝壳面

10克无盐黄油

1个小的洋葱（50克），剥皮，切碎

1根小的胡萝卜（30克），削皮，切丁

30克红色甜椒，切丁

30克速冻甜玉米粒

30克速冻豌豆

10克中筋面粉

250毫升无盐蔬菜高汤

2汤匙切碎的罗勒叶

1茶匙柠檬汁

30克帕尔玛奶酪，用擦丝器擦碎

按照包装上的说明把贝壳面煮熟，捞出。

将黄油放进炖锅加热融化。洋葱、胡萝卜和甜椒下锅，盖上锅盖，小火煎10分钟，直至略微变软。甜玉米粒和豌豆下锅，翻炒2分钟。往锅里放入面粉，倒入蔬菜高汤，搅拌至黏稠的糊状。再用小火炖3分钟。然后把罗勒叶、柠檬汁和帕尔玛奶酪放进锅里，最后加入贝壳面拌匀。

宝宝渐渐长大后，要鼓励他们咀嚼食物。所以用切成小块的蔬菜代替菜泥是个好办法。

140

奶香南瓜贝壳面

首先，我们来熬制牛奶酱汁。把牛奶、洋葱块、月桂叶、芹菜和胡椒粒放进煎锅，一起烧开，然后小火煮20~30分钟。将煮好的食材用筛子过滤，就得到了一罐熬好的牛奶酱汁。

按照包装上的说明把贝壳面煮熟，捞出。

利用这段时间，把黄油放进一口干净的炖锅，加热融化。胡萝卜和南瓜下锅，煎炒5分钟。把面粉放入锅里，再倒入牛奶酱汁，搅拌成黏稠的奶糊。小火煮10分钟，直到食材熟软。

用料理机把一锅食材打成顺滑的泥。如果是给大一点的宝宝吃，可以只将一半的食材打成泥，另一半食材切碎后和奶酪混合。最后再将它们和贝壳面拌在一起。

在这道菜中加入牛奶酱汁可以增添风味，但这一步也可以省略。

✎ 8分钟

▭ 18分钟（外加熬制牛奶酱汁的20~30分钟时间）

⊛ 3份

❋ 不可以冷冻

400毫升牛奶

半个小的洋葱（40克），剥皮，切块

1片月桂叶

3根芹菜

3粒胡椒

60克儿童有机贝壳面

10克无盐黄油

1根中等大小的胡萝卜（75克），削皮，切块

50克奶油南瓜，削皮，去瓤去籽，切块

10克中筋面粉

20克帕尔玛奶酪，用擦丝器擦碎

20克熟制切达奶酪，用擦丝器擦碎

奶香西红柿红薯贝壳面

🖊 10分钟

🍲 40分钟

🌀 6份

✳ 可以冷冻

1汤匙橄榄油

1个中等大小的洋葱（约140克），剥皮，切块

1瓣蒜，切碎

225克红薯，削皮，切块

2根小的胡萝卜（约125克），削皮，切片

400克罐头装西红柿块

200毫升无盐蔬菜高汤或水

100克安娜贝尔·卡梅尔儿童有机贝壳面

60克切达奶酪，用擦丝器擦碎

将橄榄油放进炖锅加热。洋葱下锅，煎炒约 4 分钟，直到熟软。蒜下锅，再煎炒 1 分多钟。红薯、胡萝卜和西红柿下锅，倒入蔬菜高汤或水烧开、搅匀。盖上锅盖，调成小火炖约 30 分钟，直到所有菜料都炖软。

利用这段时间，按照包装上的说明把贝壳面煮熟，捞出。

将炖好的菜料稍微晾一会儿，然后打成泥，再加入奶酪，搅拌至奶酪融化。拌上贝壳面即可享用。

这道蔬菜奶酪酱汁除了可以用来拌面，还可以和鱼肉、鸡肉搭配食用。

缤纷意大利面

将意大利面和胡萝卜一起煮6分钟。临出锅前2~3分钟把豌豆放入锅中一起煮。然后把全部食材捞出、控干，和淡奶油、帕尔玛奶酪拌在一起。

🍴 5分钟

🍳 9分钟

🍲 2份

❄ 不可冷冻

50克粒粒面或其他造型的儿童意大利面

1根小的胡萝卜（30克），削皮，切丁

30克速冻豌豆

1.5汤匙淡奶油

3汤匙帕尔玛奶酪，用擦丝器擦碎

豌豆是非常有益健康的蔬菜，富含维生素 A、维生素 C、叶酸和维生素 B 族。

南瓜西红柿酱贝壳面

/ 10分钟

▭ 15分钟

☾ 2份

✳ 可以冷冻

2汤匙安娜贝尔·卡梅尔儿童有机贝壳面

150克奶油南瓜，削皮，去瓤去籽，切块

15克无盐黄油

3个中等大小的西红柿，剥皮，去瓤去籽，
每个切成4块

30克切达奶酪，用擦丝器擦碎

按照包装上的说明把贝壳面煮熟。将奶油南瓜蒸约 10 分钟，或直到熟软。

利用这段时间，把黄油放进一口小炖锅加热融化。西红柿下锅，炒至软烂。把奶酪撒进锅里拌匀，直到奶酪融化。

将蒸好的南瓜和西红柿奶酪糊混合，再和贝壳面拌在一起。

想让宝宝渐渐接受有口感的固体食物，不妨试试造型小巧的意大利面。

146

小扁豆西红柿意大利面

/ 10分钟

▭ 30分钟

◉ 4份

❄ 可以冷冻

1汤匙葵花籽油

半个中等大小的洋葱（75克），剥皮，切块

半个红甜椒（50克），洗净，去瓤去籽，

切块

1根小的胡萝卜（50克），削皮，擦丝

1/4个西葫芦（50克），洗净，切掉顶部和

尾部，切块

1瓣蒜，拍碎

3汤匙红扁豆，洗净

200克罐头装西红柿块

200毫升无盐鸡汤

1汤匙晒制的西红柿酱

75克安娜贝尔·卡梅尔儿童有机贝壳面

25克帕尔玛奶酪，用擦丝器擦碎

将葵花籽油放进炖锅加热。洋葱、红甜椒、胡萝卜和西葫芦下锅，煎炒 3 分钟。再将蒜下锅，煸半分钟。往锅里放入红扁豆、西红柿、鸡汤和晒制的西红柿酱，一起烧开。盖上锅盖，用小火煮 25 分钟。

利用这段时间，按照包装上的说明把贝壳面煮熟，捞出。

用料理棒把做好的食材都打成泥，加入帕尔玛奶酪，和贝壳面拌在一起。

小扁豆是蛋白质和纤维素的优质来源，还富含钾元素、锌元素以及叶酸。

胡萝卜西葫芦意大利面

按照包装上的说明把意大利面煮熟，捞出。

利用这段时间，把葵花籽油放进炖锅加热。洋葱、胡萝卜和西葫芦下锅，小火煎约8分钟，直至熟软。将蒜下锅，煸半分钟。往锅里加入鸡汤和意大利面，一边煮一边搅拌。最后往锅里放入帕尔玛奶酪、罗勒叶和法式发酵酸奶油。

🔪 8分钟

▭ 10分钟

◉ 3份

✳ 可以冷冻

75克儿童意大利面

1汤匙葵花籽油

半个中等大小的洋葱（约75克），剥皮，切块

1根中等大小的胡萝卜（约100克），削皮，擦丝

1个小的西葫芦（约100克），洗净，削皮，擦丝

一小瓣蒜，拍碎

200毫升无盐鸡汤

25克帕尔玛奶酪，用擦丝器擦碎

1汤匙切碎的罗勒叶

2汤匙法式发酵酸奶油*

*译者注：法式发酵酸奶油（crème fraîche）是一种略带酸味的高脂浓奶油。

牛肉星星意大利面

按照包装上的说明把意大利面煮熟，捞出。

将黄油放进炖锅加热融化。洋葱、胡萝卜和芹菜下锅，翻炒5分钟。肉馅下锅，翻炒5分钟，直到变色。一边炒一边用叉子把成块的肉馅分开。往锅里放入红醋栗果酱，再翻炒1分钟。把面粉、牛肉汤、西红柿泥和百里香叶子依次加入锅中，用小火煮10分钟，不用盖锅盖。煮好以后和意大利面拌在一起。

🔪 10分钟

🍳 25分钟

🕐 3份

❄ 可以冷冻

60克星星形状的意大利面

10克无盐黄油

半个小的洋葱（30克），剥皮，切碎

1根小的胡萝卜（50克），削皮，切碎

30克芹菜，洗净，切小段

75克牛肉馅

半茶匙红醋栗果酱

10克中筋面粉

250毫升无盐牛肉汤

1茶匙西红柿泥

半茶匙切碎的百里香叶子

儿童意大利肉酱面

按照包装上的说明把意大利面煮熟，捞出。

利用这段时间，把葵花籽油放进炖锅加热。洋葱、胡萝卜和红甜椒下锅，煎炒3分钟。蒜和牛肉馅下锅，煎炒至变色。再将其余食材（帕尔玛奶酪除外）全部下锅，一起烧开。盖上锅盖，调成小火煮35~40分钟。

捞出月桂叶。把锅里三分之一的混合食材盛出来，用料理棒打成泥，再倒回锅里。最后将奶酪和意大利面也放进锅里，拌匀即可。

✎ 10分钟

▭ 45~50分钟

⏲ 6份

❄ 可以冷冻

100克儿童意大利面

1茶匙葵花籽油

1个小的洋葱（60克），剥皮，切块

1根中等大小的胡萝卜（约100克），削皮，擦丝

半个红甜椒（约50克），洗净，去瓤去籽，切块

1瓣蒜，拍碎

175克牛肉馅

400克罐头装西红柿块

100毫升无盐牛肉汤

100毫升苹果汁

1茶匙切碎的百里香叶子

1片月桂叶

1汤匙晒制的西红柿酱

25克帕尔玛奶酪，用擦丝器擦碎

水果食谱

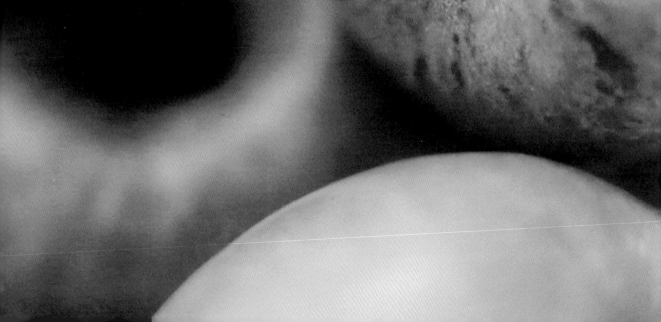

美味水果粥

将牛奶、燕麦片和杏干放进一口小炖锅，烧开。调成小火，煮3分钟，时不时搅拌一下。再将它们和梨子块一起用料理棒打成泥。

✎ 3分钟

▭ 5分钟

◉ 4份

❋ 可以冷冻

150毫升牛奶

15克燕麦片

6枚即食杏干，切碎

1个成熟的大梨子，削皮，去核，切块

香蕉无花果粥

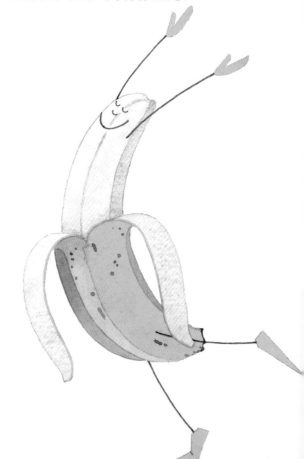

✎ 2分钟

▤ 7分钟

◔ 1份

❄ 不可冷冻

2汤匙燕麦片

2枚即食无花果干，切碎

175毫升水

1根小的香蕉

将燕麦片和无花果一起放进小炖锅。把水倒进锅里，烧开。调成小火，盖上锅盖，煮5分钟。将煮好的粥搅打成泥，再用大孔筛子过滤一遍，得到细腻的粥。将香蕉捣烂，和粥混合在一起。

舀几勺粥放进小碗里，晾凉再给宝宝吃。

苹果、梨子、西梅粥

　　将燕麦片、苹果汁和水放进一口炖锅，烧开。调成小火，煮2分钟。将苹果、西梅和梨子下锅，盖上锅盖，煮3分钟，不时搅一搅。煮好后，打成稠度合适的泥。

✎ 5分钟

▭ 6分钟

🍽 2份

❄ 可以冷冻

2汤匙燕麦片

4汤匙不加糖的纯苹果汁

2汤匙水

1个小的甜苹果，削皮，去核，切块

2枚西梅干，去核，切块

1个成熟的小梨子，削皮，去核，切块

可以用肉质柔软的即食无花果干代替西梅干。

香蕉、桃子、杏子粥

将牛奶、燕麦片和杏子放进一口小炖锅，烧开，然后调成小火再煮几分钟，一边煮一边搅拌。桃子、香蕉下锅，煮2分钟。将煮好的粥打成顺滑的泥。

🔪 4分钟

▭ 7分钟

🕒 3份

❄ 不可冷冻

150毫升牛奶

20克燕麦片

25克杏干，切碎

1个成熟的桃子（150克），剥皮（方法详见本页左下方），去核，切块

2根小的香蕉，剥皮，切片

油桃苹果泥

黄油放进小炖锅加热融化。将油桃、苹果和苹果汁下锅，用小火煮8~10分钟，直到果肉熟软。将煮好的水果打成泥。

🔪 4分钟

▭ 9~11分钟

🕒 2份

❄ 可以冷冻

一块无盐黄油

1个油桃（150克），剥皮（方法详见左边），去核，切块

1个甜苹果（100克），削皮，去核，切块

3汤匙苹果汁

桃子等肉质柔软的水果要剥皮，可以先用尖刀在水果的顶部划出十字口，再把水果放在碗里，倒进开水没过，浸泡1分钟。捞出后用冷水冲洗，这时果皮就很容易撕掉了。

左图：油桃苹果泥

159

✎ 5分钟

▭ 7分钟

◷ 2份

❊ 可以冷冻

一块无盐黄油

3个成熟的李子，剥皮，去核，切块

1个桃子，剥皮，去核，切块

20克西梅干，去核，切块

1汤匙苹果汁

✎ 6分钟

▭ 4~5分钟

◷ 2份

❊ 可以冷冻

1个甜苹果，削皮，去核，切块

1个成熟的大梨子，削皮，去核，切块

2个成熟的李子，剥皮，去核，切块

一大撮肉桂粉

2汤匙意大利瑞可塔奶酪或希腊酸奶

（可选）

桃李西梅泥

　　将黄油放进小炖锅加热融化。将李子、桃子、西梅和苹果汁放进锅中，一边搅拌，一边用小火煮5分钟，直至熟软。最后把煮好的食材打成顺滑的泥。

苹果、梨子、李子泥（肉桂风味）

　　将水果放进小炖锅，加入1汤匙水和肉桂粉，盖上锅盖，用小火煮4~5分钟。将煮好的果肉用搅拌机打成泥，可以直接食用，也可以和瑞可塔奶酪或希腊酸奶混合。吃的时候，舀几勺果泥放进宝宝的小碗，晾至微温再喂食。

　　也可用4枚去核的即食西梅干代替李子，特别是当宝宝便秘的时候，吃西梅可以起到缓解作用。

右图：桃李西梅泥

草莓香蕉泥

将全部食材放进容器，用料理棒打成顺滑的泥。

🖊 4分钟

🍳 2份

❄ 可以冷冻

150克草莓，摘掉叶子和蒂，每个切成两块
2根小的香蕉，剥皮，切片
2汤匙苹果汁

水果饼干酥（草莓、桃子、梨子）

将果肉放进厚底小炖锅，加水，盖上锅盖，煮约3分钟。
将脆饼干放在保鲜袋里，用擀面棍碾碎。
最后将煮好的果肉和脆饼干碎拌在一起。

🖊 8分钟

▣ 3分钟

🍳 2份

❄ 可以冷冻

75克草莓，摘掉叶子和蒂，每个切成4块
1个成熟多汁的大桃子，剥皮，去核，切块
1个成熟的大梨子，削皮，去核，切块
1袋儿童脆饼干

有些果泥打出来后很稀，将它们和婴儿米粉、香蕉泥或饼干碎混合，可以增加稠度，就像这道食谱的做法一样。

左图：草莓香蕉泥

日渐独立

9~12月龄

蔬菜食谱

西蓝花、奶酪、土豆、胡萝卜泥

将土豆、胡萝卜放进炖锅，倒进开水将其没过，煮约20分钟，直至熟软。将西蓝花放进蒸屉，隔水蒸7~8分钟。第一步也可以将土豆、胡萝卜用隔水蒸的方式蒸至熟软，大约需要20分钟。出锅前7分钟，再把西蓝花放进锅里一起蒸。

捞出土豆、胡萝卜（想做成稀一些的泥可以不沥干），和西蓝花、牛奶、黄油、奶酪拌在一起，捣成泥。

🖊 6分钟

🍲 20分钟

🕙 4份

❄ 可以冷冻

300克土豆，削皮，切成大块

1根大的胡萝卜（125克），削皮，切片

75克西蓝花，洗净，切块

2汤匙牛奶

15克无盐黄油

40克切达奶酪，用擦丝器擦碎

土豆削皮以后要及时烹饪。如果泡在水里太久，土豆里的维生素 C 会流失。

菠菜、奶酪、红薯泥

✎ 5分钟

▣ 20分钟

⏱ 3份

❄ 可以冷冻

1个小的红薯（250克），削皮、切块

一块无盐黄油

50克鲜嫩菠菜，洗净，切碎

2汤匙奶油奶酪

25克切达奶酪，用擦丝器擦碎

将红薯放进炖锅，倒进冷水将其没过，烧开。然后用小火再煮约12分钟，直到熟软。捞出红薯，捣成泥。

将黄油放进炖锅加热融化。菠菜下锅翻炒至菜叶皱缩。再将红薯、奶油奶酪和切达奶酪下锅，加热，搅拌成顺滑的泥状。

红薯富含维生素 C、维生素 E 和 β-胡萝卜素。可以将宝宝食谱中的土豆用红薯替代，或者两种换着吃也是不错的。

扁豆、西红柿、南瓜泥

　　将葵花籽油放进煎锅加热。洋葱下锅，翻炒1分钟。奶油南瓜下锅，煎炒5分钟。蒜下锅，煎炒1分钟。依次将扁豆、西红柿、蔬菜高汤、晒制的西红柿酱和百里香下锅，烧开。盖上锅盖，小火煮15分钟。

　　最后将菠菜下锅，煮1分钟，直到叶子皱缩即可。

　　将煮好的食材打成泥，然后加入帕尔玛奶酪。

🔪 15分钟

🍲 25分钟

🍽 4份

❄ 可以冷冻

2茶匙葵花籽油

半个大的洋葱（100克），剥皮，切块

200克奶油南瓜，削皮，去瓤去籽，切块

1瓣蒜，拍碎

100克罐头装扁豆，捞出，用水洗净

200克罐头装西红柿块

200毫升无盐蔬菜高汤

15克晒制的西红柿酱

1茶匙晒干的百里香碎叶

40克嫩菠菜叶，洗净

20克帕尔玛奶酪，用擦丝器擦碎

西红柿甜椒贝壳面

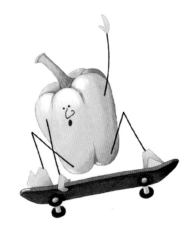

/ 5分钟

⊡ 15分钟

🕲 3~4份

❀ 可以冷冻

50克儿童贝壳面

2茶匙橄榄油

1个小的洋葱（50克），剥皮，切块

25克红甜椒，洗净，去瓤去籽，切块

半瓣蒜，拍碎

400克罐头装西红柿块

150毫升水

1汤匙奶油奶酪

2汤匙苹果汁

按照包装上的说明把贝壳面煮熟。

利用这段时间，将橄榄油放进炖锅加热。洋葱下锅，煎炒2分钟。红甜椒和蒜下锅，煎炒2分钟。西红柿下锅，倒入水，烧开。盖上锅盖，调成小火煮10分钟。

煮好的食材用料理棒打成泥，和奶油奶酪、苹果汁搅拌均匀，再和贝壳面拌在一起。

胡萝卜、罗勒、西红柿酱面

锅中放入开水，将胡萝卜放在蒸屉上，蒸约20分钟，或直到熟软。

按照包装上的说明把意大利面煮熟。

利用这段时间，把黄油和橄榄油一起放进锅里加热。洋葱下锅，翻炒2分钟。西葫芦下锅，翻炒3分钟。再将西红柿和罗勒下锅，盖上锅盖，煮约5分钟，不时搅一搅，直到食材软烂。往锅里撒入奶酪，搅拌至奶酪融化。

将蒸好的胡萝卜和做好的西红柿酱一起打成泥。捞出意大利面，拌上酱就可以吃了。

要给西红柿剥皮，可以先用尖刀在西红柿顶部切出十字口。把西红柿放进碗里，倒入开水没过，浸泡1分钟。然后捞出西红柿，用冷水冲洗。这时表皮就很容易撕掉了。

✎ 10分钟

▭ 25分钟

◔ 4份

❅ 可以冷冻

2根中等大小的胡萝卜（200克），削皮，切片

3汤匙迷你儿童意大利面

15克无盐黄油

1茶匙橄榄油

半个小的洋葱（30克），剥皮，切块

1个中等大小的西葫芦（约190克），洗净，切掉顶部和尾部，切片

4个成熟的西红柿，剥皮（方法详见左侧），去瓤去籽，切块

4~5片罗勒叶，洗净，撕碎

50克切达奶酪，用擦丝器擦碎

奶油南瓜烩饭

✎ 10分钟

▭ 25分钟

◔ 4份

✱ 可以冷冻

25克无盐黄油

1个小的洋葱（50克），剥皮，切块

110克印度香米

450毫升开水

150克奶油南瓜，削皮，去瓤去籽，切块

225克成熟的西红柿，剥皮，去瓤去籽，切块

50克切达奶酪，用擦丝器擦碎

取一半黄油放进炖锅加热融化。洋葱下锅翻炒，直到熟软。香米倒入锅中翻搅，让香米均匀地沾上黄油。往锅里倒入开水，盖上锅盖，用大火煮8分钟。奶油南瓜下锅，调成小火，盖上锅盖，煮约12分钟，或直到水分都被食材吸收。

利用这段时间，把剩余的黄油放进一口小炖锅加热融化。西红柿下锅，翻炒2~3分钟。然后将奶酪撒进锅里，搅拌到融化。最后把西红柿奶酪糊和米饭拌在一起。

奶油南瓜富含 β-胡萝卜素，在人体内能转化成维生素 A，有助于预防癌症、提高免疫力。

蔬菜古斯古斯面

将古斯古斯面放进一只碗里，倒入蔬菜高汤或水。用保鲜膜把碗口蒙住，静置 10 分钟，让古斯古斯面充分吸收水分。

利用这段时间，将橄榄油放进炖锅加热。洋葱、西葫芦、红甜椒下锅，搅拌均匀后盖上锅盖，焖 3~4 分钟。将蒜下锅，再倒入西红柿糊。盖上锅盖，调成小火煮 10 分钟。

锅中加入罗勒碎，搅拌均匀。将锅中一半的食材，用料理棒打成泥。然后再将它们和锅中剩下的一半块状食材和古斯古斯面拌在一起。如果觉得太浓稠了，可以再添加少量水或汤。

西红柿用滤网筛过之后得到的就是西红柿糊。当然也可以在超市买罐装的西红柿糊。

✎ 10 分钟

▭ 15 分钟

🍪 3 份

❄ 可以冷冻

30 克古斯古斯面

100 毫升无盐蔬菜高汤或水

1 茶匙橄榄油

半个中等大小的红洋葱（75 克），剥皮，切碎

半个中等大小的西葫芦（75 克），洗净，切掉顶部和尾部，切碎

半个红甜椒（50 克），洗净，去瓤去籽，切碎

半瓣蒜，拍碎

150 毫升西红柿糊

2 茶匙切碎的罗勒叶

香草煎蛋饼

✏ 3分钟

🍳 7分钟

⏱ 1~2份

❄ 不可冷冻

2个大的鸡蛋

2汤匙牛奶

1汤匙切碎的罗勒叶

2汤匙切碎的细香葱

30克切达奶酪，用擦丝器擦碎

一块无盐黄油

将鸡蛋、牛奶、罗勒叶、细香葱和切达奶酪放进一只小碗，打匀。黄油放进一口小煎锅加热融化。然后将蛋糊倒进煎锅里，轻轻晃动煎锅，让蛋糊铺满锅底。继续加热，直到蛋糊基本定型。将蛋饼对折，然后翻面。煎到蛋饼熟透，边缘略带金黄即可。做好后将蛋饼晾一会儿，然后切成小块。

鸡蛋富含蛋白质、锌元素、维生素 A、维生素 D、维生素 E 和维生素 B_{12}。这些营养成分主要集中在蛋黄里。

鱼肉食谱

金枪鱼奶酪吐司

∕ 3分钟

▭ 5~6分钟

☺ 2份

✳ 不可冷冻

2片白吐司面包

适量无盐黄油（用来涂在面包上）

50克罐头装金枪鱼，捞出，控干

2茶匙切碎的细香葱

半个西红柿，洗净，切块

20克古老也奶酪，用擦丝器擦碎

把面包片烤热，在一面涂抹上黄油。

预热烤炉。将金枪鱼、细香葱、西红柿和一半的奶酪混匀，抹在面包片上。再撒上剩余的一半奶酪碎。将面包放在烤炉上加热3~4分钟，直到面包片略显金黄、最后撒上的奶酪滋滋冒泡即可。

切掉坚硬的面包边，把面包片切成8份，晾到温热就可以吃了。

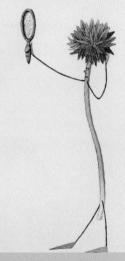

古老也奶酪微带甜味，很受宝宝喜爱。奶酪是很好的营养来源，含有宝宝所需的高热量、蛋白质和钙。

胡萝卜、西红柿、奶酪酱汁鱼肉面

将胡萝卜蒸约10分钟，或直到熟软。

按照包装上的说明把贝壳面煮熟，捞出、控干。

利用这段时间，把鱼肉和牛奶放在微波炉专用盘里。在鱼肉上点些黄油，盖上盖子，留一道缝透气。用微波炉高火加热约一分半钟。也可以把鱼肉和牛奶放进炖锅，煨几分钟。

将25克黄油放进一口炖锅加热融化。西红柿下锅，煎炒3分钟。往锅里撒入奶酪，搅拌至奶酪融化。

将鱼肉、胡萝卜和奶酪酱混合，再和贝壳面拌在一起。

🔪 6分钟

🍳 15分钟

🍲 3份

❄ 可以冷冻

2根中等大小的胡萝卜（150克），削皮，切块

40克儿童贝壳面

100克比目鱼（或鳕鱼、青鳕鱼）肉片，去皮去骨

1汤匙牛奶

25克无盐黄油，此外还要准备一些用来点在鱼肉上

3个中等大小的西红柿，剥皮，去瓤去籽，切块

40克切达奶酪，用擦丝器擦碎

装饰食材：

3个樱桃西红柿，每个对半切开

6小段细香葱

3个红甜椒切成的小三角

6片罗勒叶

几小段熟豆角

一把迷迭香叶

迷你鱼派

将一锅水烧开，放入土豆，用小火煮约 20 分钟，直到熟软。捞出土豆，和 25 克黄油、1.5 汤匙牛奶混合，捣成顺滑的泥。

利用这段时间，取 15 克黄油放进一口炖锅加热融化。洋葱和西红柿下锅，翻炒至软烂。把面粉放入锅中，一边加热一边搅动半分钟。接着依次放入鱼肉、欧芹和月桂叶，再将 100 毫升牛奶倒入锅中，小火煮约 4 分钟，直到鱼肉煮透。捞出月桂叶，往锅里加入奶酪，搅拌至奶酪融化。

把鱼肉糊分成 3 份，装进 3 个烘焙专用的小碗里（碗口直径约 10 厘米）。在鱼肉上铺上土豆泥，点上少许黄油。放入预热好的烤箱里烤制几分钟，直到鱼派变成金黄色即可。

每份鱼派还可以装饰成小猫脸的样子。把樱桃西红柿一切两半，每一半中央放一小段细香葱，做成猫的"眼睛"。从红甜椒上切下一个三角形，做成猫的"鼻子"。豆角切成小段，做成小猫的"嘴"。再将 2 片罗勒叶和一把迷迭香叶分别摆成耳朵和胡须的样子。

✎ 15分钟

▭ 30分钟

🍳 3份

❄ 可以冷冻

375克土豆，削皮，切大块

40克无盐黄油，此外还要准备一些用来点在鱼派上

1.5 汤匙牛奶，用来做土豆泥

100毫升牛奶，用来煮鱼肉

25克洋葱，剥皮，切碎

1个成熟的西红柿，剥皮，去瓤去籽，切块

1汤匙面粉

125克鳕鱼肉片，去皮去骨，切小块

125克三文鱼肉片，去皮去骨，切小块

1茶匙切碎的欧芹叶

1片月桂叶

40克切达奶酪，用擦丝器擦碎

韭葱、胡萝卜、土豆炖鳕鱼

✎ 10分钟

▭ 20分钟

◉ 6份

⊛ 可以冷冻

一块无盐黄油

1小根芹菜，洗净，切小段

1根小的韭葱，择好，洗净，切段

1根小的胡萝卜（约50克），削皮，切碎

100克土豆，削皮，切碎

1汤匙中筋面粉

350毫升牛奶

15克帕尔玛奶酪，用擦丝器擦碎

150克鳕鱼或黑线鳕肉片，去皮去骨，切成2厘米的小块

1汤匙切碎的细香葱

半茶匙柠檬汁

黄油放进炖锅加热融化。芹菜、韭葱、胡萝卜和土豆下锅，用小火煎炒3~4分钟。

往锅里加入面粉，再倒入牛奶，搅拌均匀。将面粉糊烧开，搅动至奶糊变得浓稠。盖上锅盖，小火煮约8分钟，直到菜料熟软。

放入奶酪和鱼肉，小火煮5分钟，直到鱼肉熟透。最后将细香葱和柠檬汁放入锅中，拌匀。

牛奶、黄油、奶酪和酸奶等乳制品里的脂肪对宝宝很有好处，它们还能提供生长所需的维生素 A 和维生素 D。宝宝只吃果蔬泥是不够的，因为果蔬泥的热量比较低。

鳕鱼豌豆意大利面

按照包装上的说明把贝壳面煮熟。面出锅前4分钟往锅里放入豌豆一起煮。面和豌豆煮好后一起捞出、控干。

利用这段时间，把黄油放进炖锅加热融化。洋葱下锅，小火煎炒约5分钟，直到熟软。往锅里放入醋、鱼汤和鳕鱼，烧开，然后调成小火煮3分钟。煮到鳕鱼熟了、鱼肉能分成小片。再往锅里放入奶油奶酪、柠檬汁、贝壳面和豌豆。一边加热一边搅拌，最后放入帕尔玛奶酪。

🔪 5分钟

▭ 10分钟

🍳 4~6份

❄ 可以冷冻

100克儿童贝壳面

50克速冻豌豆

一块无盐黄油

半个中等大小的洋葱（75克），剥皮，切碎

1茶匙醋

100毫升无盐鱼汤

75克鳕鱼肉片，去皮去骨，切块

2汤匙奶油奶酪

1茶匙柠檬汁

30克帕尔玛奶酪，用擦丝器擦碎

迷你鱼丸

烤箱预热到220℃（如果使用的是燃气烤箱，则调到7挡）。

先将除面包糠外的其余食材放进料理机稍稍打碎，再放进面包糠，继续打匀。把打好的混合物做成大约20个胡桃大小的丸子。

把鱼丸放在铺好油纸的烤盘上，进烤箱烘烤10~12分钟，直到丸子完全熟透，变成浅浅的金色。

也可以在煎锅里放少许葵花籽油，把鱼丸煎熟。

🔪 25分钟

▭ 10~12分钟

🍳 20个鱼丸

❄ 可以冷冻

125克三文鱼肉片，去皮去骨，切块

125克鳕鱼肉片，去皮去骨，切块

4根小葱，洗净，切葱花

一撮柠檬皮碎屑

2茶匙西红柿酱

1茶匙甜辣酱（一周岁以上宝宝的饮食中可选择性加入）

40克帕尔玛奶酪，用擦丝器擦碎

1汤匙切碎的莳萝叶

50克白面包糠

鱼肉当天买回就要烹熟来吃，否则就不够新鲜了。鳕鱼富含蛋白质和维生素 B$_{12}$。

冷冻方法：在烤盘里铺一张保鲜膜，把生鱼柳摆在上面。再用一张保鲜膜把鱼柳蒙住，冷冻2小时，直到冻硬。然后将鱼柳转移到保鲜袋里，继续冷冻。下次要吃时，取出冷冻的鱼柳，按照右页的方法来煎即可，所需的煎制时间是一样的。炸好的鱼柳放凉之后不宜再次加热。

香脆鱼柳（配柠檬蛋黄酱）

将鱼肉切成手指大小的小段，装进容器，盖好盖子，放进冰箱。将米花酥、帕尔玛奶酪和红甜椒粉放进料理机，打碎。打出来的混合粉末放进盘子，再加入少许黑胡椒碎。拿出另一个盘子，将面粉均匀地铺在上面。

从冰箱里拿出鱼柳，将每段鱼柳依次在面粉里滚一滚，再裹上蛋液，最后放到装有米花酥粉末的盘子里再滚一滚。将处理完的鱼柳摆在一只干净的盘子里。做好后尽快下锅煎制，如果暂时不吃的话可以按照左页所讲的方法冷冻起来。

煎鱼柳的方法如下：将葵花籽油放进一口大煎锅加热。鱼柳下锅，每面煎一分半到两分钟，直到颜色金黄、鱼肉熟透。将煎好的鱼柳放进一只铺好厨用纸巾的盘子，稍微晾一下再吃。

要制作蘸酱，只需把配料全部放进一只小碗混匀即可。将鱼柳配上蘸酱给宝宝喂食。

✏ 20分钟

🍳 3~4分钟

🕐 6~8份

❄ 可以冷冻（未煎熟的）

225克去皮去骨的比目鱼肉片
45克米花酥*
3汤匙刚擦碎的帕尔玛奶酪
1/4茶匙红甜椒粉
现磨的黑胡椒
2汤匙中筋面粉
1个鸡蛋，打匀
2~3汤匙的葵花籽油，煎鱼柳用

蘸酱的配料
2汤匙低盐蛋黄酱
2汤匙希腊酸奶
1茶匙新鲜柠檬汁

*译者注：米花酥（Rice Krispies）是欧美常见的小零食，味道香甜。

三文鱼、鳕鱼、菠菜烩饭

✎ 10分钟

▭ 12分钟

🍲 6份

❄ 不可冷冻

150克印度香米

一块无盐黄油

100克韭葱，洗净，择好，切段

50克新鲜菠菜，洗净，切段

100克三文鱼肉片，去皮去骨

50克鳕鱼肉片，去皮去骨

50毫升牛奶

200毫升无盐鱼汤或鸡汤

1茶匙柠檬汁

1茶匙切碎的莳萝叶

40克帕尔玛奶酪，用擦丝器擦碎

按照包装上的说明把香米煮熟，捞出、控干。

利用这段时间，把黄油放进炖锅加热融化。韭葱下锅，翻炒约5分钟，直到熟软。再加入菠菜，翻炒至叶子皱缩。

将三文鱼和鳕鱼放进微波炉专用碗，倒入牛奶，用保鲜膜把碗口蒙住。在保鲜膜上戳几个小孔透气。微波炉高火加热2分钟，直到鱼肉完全烹熟。也可以把鱼肉和100毫升牛奶放进锅里煨，直到鱼肉熟软。捞出鱼肉，再盛出50毫升牛奶，留着稍后用。把鱼肉分成小片，挑净鱼刺。

将鱼汤或鸡汤倒进烧韭葱和菠菜的锅，烧开，边搅拌边烧1分钟。然后将分成片状的鱼肉和50毫升牛奶倒入锅中。把锅从火上端开，往锅里放入柠檬汁、莳萝叶和帕尔玛奶酪，最后倒入米饭，一起拌匀。

鳕鱼丸子

　　将除葵花籽油外的其余食材放进料理机打匀，然后捏成18个胡桃大小的丸子。

　　将葵花籽油放进煎锅加热，鳕鱼丸子下锅，煎8~10分钟，不时翻一翻面，直到丸子变成浅金色，完全熟透。将煎好的丸子晾到温热，配上西红柿酱即可食用。

✎ 15分钟

▭ 8~10分钟

◔ 18个鳕鱼丸

✳ 可以冷冻

50克白面包糠

200克鳕鱼肉片，去皮去骨

30克熟制切达奶酪，用擦丝器擦碎

6根小葱，洗净，切葱花

2茶匙甜辣酱（一周岁以上宝宝的饮食中可选择性加入）

1茶匙西红柿酱

1茶匙酱油（一周岁以上宝宝的饮食中可选择性加入）

少量葵花籽油（煎丸子用）

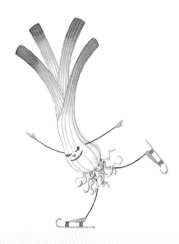

　　鱼肉是一种低脂、高蛋白的食物。让孩子从小养成爱吃鱼的习惯，对身体很有好处。

鸡肉食谱

大块鸡肉泥

将橄榄油放进炖锅加热。韭葱、胡萝卜下锅，煎炒2分钟。往锅里加入面粉，再倒入鸡汤，搅匀。盖上锅盖，用小火煮5分钟。然后将鸡肉、西蓝花下锅，倒入牛奶，煮5分钟，直到菜料煮软，鸡肉完全煮熟。

取一半煮好的食材，用料理棒打成泥，和另一半食材混在一起，最后加入帕尔玛奶酪，搅拌均匀。

🔪 10分钟

🍳 15分钟

🥣 3份

❄ 可以冷冻

1茶匙橄榄油

50克韭葱，洗净，择好，切段

1根中等大小的胡萝卜（75克），削皮，切块

1茶匙中筋面粉

200毫升无盐鸡汤

100克鸡胸肉，切碎

50克小的西蓝花，洗净

150毫升牛奶

15克帕尔玛奶酪，用擦丝器擦碎

鸡肉富含蛋白质和维生素 B_{12}，对宝宝的成长很有好处。而其中的维生素 B_{12} 是宝宝平时吃的蔬菜中没有的。鸡肉里的天然脂肪还能为宝宝的生长和活动提供能量。

胡萝卜、苹果、鸡肉泥

✎ 12分钟

▭ 30分钟

◷ 6份

❄ 可以冷冻

1汤匙葵花籽油

60克韭葱，洗净，择好，切小段

25克芹菜，洗净，切段

1根中等大小的胡萝卜（75克），削皮，
切块

一小瓣蒜，拍碎

100克鸡肉，切碎

250克红薯，削皮，切块

75克苹果，削皮，去核，切块

一小枝百里香

250毫升无盐鸡汤或开水

将葵花籽油放进炖锅加热。韭葱下锅，翻炒2分钟。芹菜、胡萝卜下锅，再煎炒5分钟。蒜下锅，煎炒1分钟。鸡肉下锅，煎炒2~3分钟，或直到表面微微变色。将红薯、苹果和百里香下锅，倒入鸡汤或开水，盖上锅盖，用小火煮20分钟。最后捞出百里香，把其余食材打成泥。

鸡肉里含有抗氧化剂——硒元素。它能帮助预防心脏疾病和某些癌症。

儿童古斯古斯面

将鸡汤烧开，浇在古斯古斯面上。用叉子拌一拌，静置 10 分钟，让古斯古斯面充分吸收鸡汤。

利用这段时间，把黄油放进一口炖锅加热融化。洋葱下锅，煎炒 2 分钟。再将西葫芦下锅，煎炒约 4 分钟。最后将西红柿下锅，煎炒 1 分钟。

用叉子把古斯古斯面搅拌一下，和炒好的菜料、熟鸡肉拌在一起。

✎ 7分钟

▭ 8分钟

◔ 4份

❄ 不可冷冻

250毫升无盐鸡汤

100克古斯古斯面

15克无盐黄油

半个小的洋葱（25克），剥皮，切块

50克西葫芦，洗净，切掉顶部和尾部，切块

2个西红柿，剥皮，去瓤去籽，切块

50克熟鸡肉，切碎

古斯古斯面是中东流行的一种主食，用面粉做成，形似小米。它富含矿物质和维生素，味道清香，口感软糯，烹制起来方便快捷。

197

鸡肉时蔬派

🖊 12分钟

🍽 20分钟

🕒 3份

❄ 可以冷冻

150克土豆，削皮，切大块

100克红薯，削皮，切块

15克无盐黄油，再多备一些用来拌土豆泥

250毫升牛奶，再多备一些用来拌土豆泥

75克韭葱，洗净，择好，切小段

半根小的胡萝卜（30克），削皮，擦丝

1茶匙醋

100克鸡胸肉，切碎

2汤匙中筋面粉

1/4茶匙切碎的百里香叶

少量切达奶酪，用擦丝器擦碎

先做土豆红薯泥。准备一锅水，烧开。将土豆和红薯放入锅中，用小火煮12~15分钟，或直到煮软。捞出食材，捣烂，加入一小块黄油和2汤匙牛奶，拌匀。

将黄油放进煎锅加热融化。韭葱、胡萝卜下锅，煎炒5分钟。往锅里放入醋和鸡肉一起翻炒。再往锅里加入面粉，倒入牛奶，搅拌成糊状。最后将百里香下锅，煮2分钟，直到鸡肉熟透。

烤炉预热。将煮好的混合食材分装到3个烘焙专用的小碗里，再在顶部铺上一层土豆红薯泥，撒些奶酪。放上烤炉，烤5分钟，直到色泽金黄色，滋滋冒泡即可。

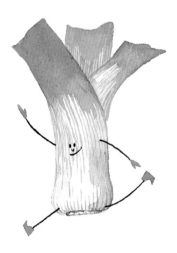

帕尔玛奶酪鸡柳

将鸡胸肉横着片成上下两薄片，把两片肉平铺在一层保鲜膜上，再盖上另一层保鲜膜，用小木槌或擀面杖把肉捶打成厚度 5 毫米左右的薄片。取走保鲜膜，把鸡肉切成细条，每条的长度约 5 厘米。

将蛋清和少许黑胡椒粉混合，打至起泡。将帕尔玛奶酪撒在一个大盘子上。把鸡柳先裹一层蛋清，再到碎奶酪上滚一滚。

烤箱调成高火，预热。在烤盘里铺上铝箔纸，把鸡柳摆上去，烤制 2~3 分钟，直到表面的奶酪变成金黄色。翻面再烤 2~3 分钟，直到鸡肉熟透。做好后稍微晾凉再吃。

这道辅食非常适合对小麦或谷蛋白过敏的宝宝。

✎ 15分钟

▭ 6分钟

⏱ 3~4份

❄ 可以冷冻（未炸熟的）

1片去皮去骨鸡胸肉（约125克）

1个鸡蛋的蛋清

现磨的黑胡椒

50克帕尔玛奶酪，用擦丝器擦碎

冷冻方法：在烤盘里铺一张保鲜膜，把生鸡柳摆在上面。再用一张保鲜膜把烤盘蒙住，冷冻至坚硬。将冻硬的鸡柳转移到保鲜袋里，放回冰箱继续冷冻。下次要吃时，取出冷冻的鸡柳，按照同样方法来烤即可，但烤制的时间要增加1分钟。烤好的鸡柳可以放凉了再吃，但不宜再次加热。

迷你鸡肉丸

⟋ 20分钟

⊡ 8~10分钟

🕓 20个鸡肉丸

❄ 可以冷冻

250克鸡肉馅

3根小葱，洗净，切葱花

1根小的胡萝卜（40克），削皮，擦丝

30克苹果，削皮，去核，擦丝

1汤匙切碎的罗勒叶

40克帕尔玛奶酪，用擦丝器擦碎

2汤匙甜辣酱（一周岁以上宝宝的饮食中可选择性加入）

2汤匙酱油（一周岁以上宝宝的饮食中可选择性加入）

50克白面包糠

1汤匙中筋面粉，此外再多备一些用来裹粉

少量葵花籽油，用来煎丸子

　　将除葵花籽油外的其余食材放进一只大碗，搅拌均匀，然后做成 20 个核桃大小的丸子。将丸子放进面粉里均匀地滚一滚裹粉。

　　将少量葵花籽油放进煎锅加热。鸡肉丸下锅，煎 8~10 分钟，定时翻面，直到表面煎成淡淡的金色，丸子完全熟透。

如果想换换口味，可以用火鸡肉馅代替鸡肉馅。

果味咖喱鸡肉面

按照包装上的说明把贝壳面煮熟，捞出，控干。

将葵花籽油放进煎锅加热。洋葱、姜丝下锅，煎炒5分钟。往锅里放入可玛酱、鸡汤、椰浆、杏干和南瓜，烧开。然后调成小火，盖上锅盖，煮10分钟，直到南瓜熟软。煮好的食材用料理棒打成泥。

将鸡胸肉用油煎3~4分钟。然后往锅里倒入做好的咖喱酱，再倒入煮好的贝壳面。

✏ 8分钟

🍴 20分钟

🎨 4份

❄ 可以冷冻

60克儿童贝壳面

2茶匙葵花籽油

50克洋葱，剥皮，切碎

1/4茶匙姜丝

2茶匙印度可玛酱

150毫升无盐鸡汤

100毫升椰浆

15克杏干，切碎

50克奶油南瓜，削皮，去瓤去籽，切碎

75克鸡胸肉，切碎

可玛酱带有淡淡的甜味，很对宝宝的胃口。

鸡肉意大利肉酱面

✎ 6分钟

▭ 25分钟

🕒 2份

❄ 可以冷冻

25克意大利面

1汤匙橄榄油

1个小的洋葱（50克），剥皮，切块

1瓣蒜

1根小的胡萝卜（50克），削皮，擦丝

150克鸡肉馅或火鸡肉馅

半茶匙新鲜的百里香碎叶子或一撮晒干的

百里香碎叶子

150毫升西红柿糊

150毫升无盐鸡汤

按照包装上的说明把意大利面煮熟。

利用这段时间，把橄榄油放进炖锅加热。洋葱和蒜下锅，煎炒3分钟。胡萝卜下锅，煎炒3分钟。往锅里倒入肉馅，翻炒约3分钟，直到肉色微焦。将百里香下锅，再倒入西红柿糊、鸡汤一起烧开。盖上锅盖，调成小火煮15分钟。

捞出意大利面，切成小段。

将锅中煮好的肉酱用料理棒搅打几秒钟，口感会更顺滑。把肉酱和切好的意大利面拌在一起。

在宝宝的饮食中使用鸡大腿肉（做成肉馅或者简单地切碎）是很好的，因为鸡腿肉中的铁元素含量高于鸡胸肉。

其他肉类食谱

嫩羊肉焖锅

🥄 10分钟

🍳 60分钟

🍲 6份

❄ 可以冷冻

2块羔羊肉（总重约160克）

半个小的洋葱（约40克），剥皮，切块

200克土豆，削皮，切块

1根大的胡萝卜（110克），削皮，切片

2个西红柿，剥皮，去瓤去籽，切块

125毫升无盐鸡汤

　　烤箱预热到180℃（如果使用的是燃气烤箱，则调到4挡）。将羊肉、蔬菜和汤都放进一个小的砂锅，盖上盖子，放进烤箱烘烤约1小时，直到羊肉熟软。烧好后，如果是给比较大的宝宝吃，可把食材切小块。如果是比较小的宝宝吃，就要把食材打成泥。

　　羊肉富含蛋白质，有助于宝宝成长。此外，羊肉还含有铁元素、锌元素和维生素 B 族。但羊肉比牛肉肥腻，料理的时候可以去掉多余的肥肉部分。

羊肉茄子红薯派

　　将葵花籽油放进煎锅加热。洋葱下锅，煎2分钟。肉馅下锅，炒至微焦，倒掉多余的油。蒜和茄子下锅，再往锅里依次放入面粉、肉桂粉、牛至叶碎片、西红柿块和西红柿酱，加水一起烧开。盖上锅盖，调成小火，再煮30~40分钟，直到茄子炖熟。

　　利用这段时间，烧一锅水。土豆和红薯下锅，盖上锅盖，小火煮12~15分钟，或直到熟软。煮好后出锅、沥干，将它们和少量黄油、牛奶混合，捣成泥。

　　将帕尔玛奶酪拌进锅里炖好的肉馅里。再把混合食材分成4份，分装在4个烘焙专用的小碗里。最后在顶部浇上薯泥。

　　把4碗食材放在预热好的烤箱里，烤5分钟，直到滋滋冒泡、颜色金黄。

🖊 10分钟

🍳 45~55分钟

🍽 4份

❄ 可以冷冻

1汤匙葵花籽油

1个中等大小的红洋葱（约140克），剥皮，切块

200克羔羊肉馅

1瓣蒜，拍碎

75克茄子，洗净，切块

1茶匙中筋面粉

1/4茶匙肉桂粉

半茶匙晒干的牛至叶碎片

400克罐头装西红柿块

1茶匙晒制的西红柿酱

200克土豆，削皮，切块

150克红薯，削皮，切块

少许无盐黄油

少许牛奶

2汤匙擦碎的帕尔玛奶酪

迷你牧羊人派

将土豆、胡萝卜放进炖锅，倒入开水将食材没过，煮约20分钟，直到熟软。

利用这段时间，把植物油放进另一口炖锅加热。洋葱下锅煎至熟软。再将肉馅下锅翻炒，炒到肉色微焦。西红柿和西红柿酱下锅，倒入鸡汤，盖上锅盖，一起烧开。然后调成小火，煮约20分钟。

将煮好的土豆、胡萝卜捞出，锅中水倒出，将土豆、胡萝卜再放回锅里，加入牛奶、黄油。锅中食材混合均匀后，用压薯器压成泥。然后和烧好的肉馅拌在一起。

🖊 10分钟

▭ 30分钟

⊛ 2份

❋ 可以冷冻

300克土豆，削皮，切大块

1根中等大小的胡萝卜（100克），削皮，切片

1汤匙植物油

半个小的洋葱（25克）剥皮，切块

100克瘦牛肉馅或羊肉馅

1个西红柿，剥皮，去瓤去籽，切块

1茶匙西红柿酱

150毫升无盐鸡汤

15克无盐黄油

2汤匙牛奶

想要让吃饭变得更有趣，家长可以在迷你牧羊人派上用蔬菜装饰出小小的"笑脸"。

迷你肉丸

✏ 15分钟

▭ 18~20分钟

◷ 24个肉丸

❄ 可以冷冻

85克白面包糠

250克牛肉馅

半个大的洋葱（100克），剥皮，切块

半个苹果，削皮，去核，擦丝

1瓣蒜，拍碎

30克帕尔玛奶酪，用擦丝器擦碎

1茶匙切碎的百里香叶子

1茶匙西红柿泥

1个蛋黄

现磨的黑胡椒

烤箱预热到220℃（如果使用的是燃气烤箱，则调到7挡）。将全部食材放进料理机，打匀，做成24个核桃大小的丸子。

将丸子摆在烤盘上，烤18~20分钟，中途翻面一次。也可以在锅里用葵花籽油煎丸子，要定时翻面，直到煎熟。

这种美味的小丸子是非常理想的手抓食物。可以搭配蒸熟的蔬菜一起吃，如胡萝卜条、切成小块的西蓝花或花椰菜。

西红柿肉丸意大利面

　　我们先来制作肉丸。先把面包糠放进牛奶里泡5分钟。放1汤匙植物油在锅里加热，将洋葱下锅，煎炒约3分钟，直到熟软即可。将炒熟的洋葱和其他食材（剩余的2汤匙植物油和意大利面除外）一起放进料理机，打碎。然后在手上沾些面粉，把打匀的食材捏成大约16个丸子。如果有时间，也可以把丸子放进冰箱冷藏一会儿。

　　按照包装上的说明把意大利面煮熟。

　　利用这段时间，把2汤匙植物油放进一口大煎锅加热。将肉丸下锅，用大火煎至表面微微变色，再调成小火，煎5~6分钟，经常翻一翻面。

　　最后来制作酱汁。将橄榄油放进一口炖锅加热。洋葱和蒜下锅，翻炒5~6分钟。往锅里倒入西红柿糊、罗勒叶，加入适量黑胡椒调味，用小火煮5~6分钟。再把做好的肉丸放进酱汁里一起煮几分钟。最后和意大利面拌在一起，就可以吃了。

🖊 25分钟

▭ 30分钟

◷ 8份

❄ 可以冷冻

60克白面包糠

2汤匙牛奶

3汤匙植物油

1个小的洋葱（50克），削皮，切碎

半个苹果，削皮，去核，擦丝

225克牛肉馅

1汤匙切碎的欧芹叶

2汤匙擦碎的帕尔玛奶酪

半个鸡蛋，稍稍打匀

现磨的黑胡椒

中筋面粉

200克意大利细面条

西红柿酱汁

2汤匙橄榄油

1个洋葱，剥皮，切块

1瓣蒜，拍碎

500毫升西红柿糊

几片罗勒叶，切碎

现磨的黑胡椒

儿童墨西哥辣肉酱

将葵花籽油放进炖锅加热。洋葱下锅，煎2分钟。肉馅下锅，炒至微焦。依次将甜椒、蒜和调味料下锅，然后倒入西红柿糊、水、晒制的西红柿酱和菜豆，一起烧开。盖上锅盖，用小火煮30~40分钟，直到食材都熟透。将辣肉酱拌上米饭一起吃。

✑ 5分钟

▭ 40~50分钟

◔ 6份

❋ 可以冷冻

1茶匙葵花籽油

半个大的洋葱（约100克），剥皮，切块

200克牛肉馅

半个红甜椒（50克），洗净，去瓤去籽，切块

1瓣蒜，拍碎

1/4茶匙肉桂粉

1/4茶匙莳萝粉

1/4茶匙香菜粉

300毫升西红柿糊

100毫升水

1茶匙晒制的西红柿酱

75克菜豆

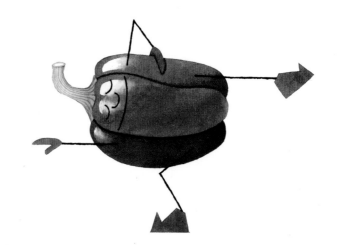

意大利面食谱

西葫芦西红柿罗勒面

按照包装上的说明把贝壳面煮熟，捞出、控干。盛取100毫升面汤备用。

将黄油放进炖锅加热融化。洋葱和西葫芦下锅，煎5~8分钟，直到熟软。蒜下锅，煎半分钟。再将西红柿和晒制的西红柿酱下锅，并倒入100毫升面汤。最后将贝壳面和罗勒下锅，搅拌翻炒。吃的时候可以在顶上撒上一些切达奶酪。

🖊 8分钟

🍳 7~10分钟

🍲 4~6份

❄ 可以冷冻

75克儿童贝壳面

20克无盐黄油

半个中等大小的洋葱（75克），剥皮，切碎

半个中等大小的西葫芦（100克），洗净，切掉顶部和尾部，切碎

1瓣蒜，拍碎

1个西红柿，剥皮，去瓤去籽，切块

1汤匙晒制的西红柿酱

2汤匙切碎的罗勒叶

30克熟制的切达奶酪，用擦丝器擦碎

意大利面是很好的能量来源，富含维生素 B 族和复合碳水化合物。

香烩粒粒面

/ 5分钟

☐ 12分钟

🕐 4份

❄ 可以冷冻

75克粒粒面或其他造型的迷你意大利面

1根小的胡萝卜（50克），削皮，切块

50克西葫芦，洗净，切掉顶部和尾部，切块

50克西蓝花，洗净，切碎

25克无盐黄油

25克切达奶酪或帕尔玛奶酪，用擦丝器擦碎

将粒粒面和胡萝卜一起放进炖锅，多倒一些开水把食材没过，煮5分钟。将西葫芦和西蓝花下锅，再煮约7分钟，然后将粒粒面和菜料捞出，锅中水倒掉。

将少许黄油放进炖锅加热融化，加入煮好的粒粒面和菜料。再放入剩余黄油和奶酪，搅拌至奶酪融化。

粒粒面是一种形似米粒的意大利面。如果买不到粒粒面，也可以用其他造型的迷你意大利面代替。

西红柿青酱星星面

✏ 3分钟

▭ 15分钟

🍲 4份

❋ 可以冷冻

100克小星星形状的意大利面

一块无盐黄油

2个西红柿，洗净，去瓤去籽，切碎

2汤匙新鲜青酱

30克切达奶酪，用擦丝器擦碎

按照包装上的说明把小星星意大利面煮熟，捞出、控干。

将黄油放进一口炖锅加热融化。将意大利面和西红柿下锅，翻炒2分钟。再将青酱和奶酪下锅，翻炒2分钟。

牛油果豌豆香葱面

✏ 3分钟

▭ 11分钟

🍲 1份

❋ 不可冷冻

25克儿童贝壳面

50克速冻豌豆

少量无盐鸡汤浓汤宝，碾碎

1汤匙奶油奶酪

20克帕尔玛奶酪，用擦丝器擦碎

1/4个牛油果，剥皮，去核，切碎

2茶匙切碎的细香葱

按照包装上的说明把贝壳面煮熟。贝壳面出锅前5分钟，将豌豆下锅一起煮。面和豌豆捞出，盛取3汤匙面汤备用。

在另一口炖锅中放入3汤匙面汤和浓汤宝。将贝壳面、豌豆、奶油奶酪、帕尔玛奶酪、牛油果和细香葱下锅，一边加热一边搅拌1分钟。

西蓝花花椰菜贝壳面

将黄油放进炖锅加热融化。洋葱下锅，煎2分钟。再将西蓝花和花椰菜下锅翻炒。撒入面粉，倒入牛奶，盖上锅盖，小火煮10分钟。

利用这段时间，按照包装上的说明把贝壳面煮熟。

用料理棒把煮好的食材打成泥，和奶酪拌在一起。

捞出贝壳面，拌上奶酪菜酱即可食用。如果觉得奶酪菜酱有点稠，可以添加几汤匙水。

✏ 5分钟

▭ 15分钟

⏱ 2~3份

❋ 可以冷冻

一块无盐黄油

半个小的洋葱（25克），剥皮，切碎

40克西蓝花，切小块

100克花椰菜，切小块

2茶匙中筋面粉

250毫升牛奶

50克儿童贝壳面

30克熟制的切达奶酪，用擦丝器擦碎

西红柿奶酪贝壳面

按照包装上的说明把贝壳面煮熟，捞出、控干。

利用这段时间，把橄榄油放进炖锅加热。洋葱、胡萝卜、西葫芦和芹菜下锅，翻炒5分钟。蒜下锅，翻炒1分钟。蘑菇下锅，再翻炒3分钟。依次将西红柿糊或西红柿块和苹果汁倒入锅中，盖上锅盖，小火煮10分钟，不时搅拌一下。

把锅从火上端开。根据自己的口味，可以选择往锅里加入罗勒叶。将全部食材倒进料理机打成泥，再倒回锅里，并加入马斯卡彭奶酪和帕尔玛奶酪，这样酱料就做好了。将酱料和贝壳面拌在一起即可食用。

✎ 10分钟

▢ 20分钟

◷ 4份

❅ 可以冷冻

60克儿童贝壳面

1汤匙橄榄油

1个红洋葱（约140克），剥皮，切块

半个小的胡萝卜（30克），削皮，切块

30克西葫芦，洗净，切掉顶部和尾部，切块

15克芹菜，洗净，切段

1瓣蒜，拍碎

50克蘑菇，洗净，切块

400毫升西红柿糊或400克罐头装西红柿块

2汤匙苹果汁

2汤匙撕碎的罗勒叶（可选）

3汤匙马斯卡彭奶酪

3汤匙擦碎的帕尔玛奶酪

如果想做成香浓的西红柿鸡肉酱，在放入蘑菇的时候加入75克切碎的熟鸡胸肉即可。

蘑菇菠菜贝壳面

/ 8分钟

/ 8分钟

□ 18分钟

◉ 4份

❀ 可以冷冻

60克儿童贝壳面

10克无盐黄油

1个小的洋葱（50克），剥皮，切碎

50克栗蘑，洗净，切碎

1瓣蒜，拍碎

10克中筋面粉

250毫升牛奶

1/4茶匙切碎的百里香叶子

30克帕尔玛奶酪，用擦丝器擦碎

30克嫩菠菜，洗净，切碎

按照包装上的说明把贝壳面煮熟，捞出、控干。

利用这段时间，把黄油放进炖锅加热融化。洋葱下锅，盖上锅盖，煎8分钟左右，或直到熟软。蘑菇下锅，煎3分钟。蒜下锅，煎2分钟。将面粉撒入锅里，倒入牛奶，搅拌成稠稠的奶糊。再将百里香、帕尔玛奶酪和菠菜下锅，继续搅拌，直到菠菜叶皱缩。最后将煮好的贝壳面倒进锅里拌匀。

菠菜富含叶绿素，可以预防并治疗贫血。

蔬菜意大利肉酱面

/ 10分钟

🍴 30分钟

🎂 3份

❄ 可以冷冻

1汤匙淡味橄榄油

2个红葱头（约50克），剥皮，切块

1根小的胡萝卜（50克），削皮，切块

20克芹菜，洗净，切段

一小瓣蒜，拍碎

50克奶油南瓜，削皮，去瓤去籽，切块

200克罐头装西红柿块

150克瘦牛肉馅

1茶匙西红柿泥

100毫升无盐牛肉汤（或鸡汤、水）

1茶匙切碎的新鲜百里香叶子

50克婴儿有机小星星意大利面

将橄榄油放进炖锅加热。红葱头、胡萝卜和芹菜下锅，小火煎7~8分钟，直到熟软。蒜下锅，煎半分钟。再将奶油南瓜和西红柿下锅，煮5分钟。

利用这段时间，将牛肉馅放入煎锅里加热，不用放油，直到肉色变棕。

将煮好的蔬菜放进料理机，打成泥。倒回锅里，加入西红柿泥、汤、百里香和肉馅，盖上锅盖，小火熬12~15分钟。如果觉得太稠了，可以多加一些汤。

利用这段时间，按照包装上的说明把小星星意大利面煮熟，捞出。然后和熬好的酱拌在一起。

可以在这份意大利面中加入土豆泥、少量黄油和牛奶，拌在一起食用，还可以加入少许擦碎的切达奶酪。也可以用火鸡肉馅或鸡肉馅代替牛肉馅。

三文鱼西蓝花贝壳面

将三文鱼放进炖锅，再倒入少许高汤，用小火煨 3~4 分钟，或直到能用叉子轻易地把鱼肉分成小片。也可以把三文鱼放进微波炉专用盘，再加 2 汤匙高汤，用高火加热约 2 分钟。

利用这段时间，按照包装上的说明把贝壳面煮熟，捞出。

然后来制作酱汁。将黄油放进一口炖锅加热融化。洋葱下锅，煎炒 3~4 分钟，直到熟软。将面粉撒进锅里，拌匀。再倒入剩余的肉汤和牛奶一起烧开。将西蓝花下锅，盖上锅盖，用小火煮 5~6 分钟，直到熟软。

将煮好的食材放进料理机，打成泥。依次加入法式发酵酸奶油、帕尔玛奶酪、柠檬汁、调味香草和熟鱼肉，打匀。将所有食材倒回炖锅，煮 2 分钟。最后拌上贝壳面，就可以吃了。

/ 8分钟

▭ 15~18分钟

◐ 4份

※ 可以冷冻

50克三文鱼肉片

150毫升无盐蔬菜高汤或鸡汤

40克儿童贝壳面

一块无盐黄油

半个小的洋葱（约40克），剥皮，切碎

2茶匙中筋面粉

100毫升牛奶

50克西蓝花，洗净，切块

3汤匙法式发酵酸奶油

3汤匙擦碎的帕尔玛奶酪

1茶匙柠檬汁

半茶匙切碎的莳萝叶

半茶匙切碎的细香葱

奶香鸡肉罗勒面

/ 7分钟

□ 15分钟

⊙ 1份

⊛ 可以冷冻

25克儿童贝壳面

1茶匙橄榄油

半个小的洋葱（20克），剥皮，切碎

1个小西红柿，去瓤去籽，切碎

30克鸡胸肉，切碎

4汤匙无盐鸡汤

1茶匙切碎的罗勒叶

15克帕尔玛奶酪，擦碎

1汤匙稀奶油

按照包装上的说明，用开水把贝壳面煮熟，捞出、控干。

利用这段时间，把橄榄油放进锅里加热，洋葱下锅煎3分钟。西红柿下锅，煎1分钟。将鸡肉下锅，翻炒至熟透。往锅里倒入鸡汤，放入贝壳面、罗勒叶，帕尔玛奶酪和稀奶油，不时搅动，直到食材完全热透。

西红柿富含钾元素，这种物质对于血液的健康十分重要。钾元素还能抵消食用盐中的钠元素对身体产生的不利影响。

水果食谱

水果早餐粥

将麦片和小麦胚芽（也可以不放）放进碗里，倒入苹果汁和芒果汁，浸泡1小时或一夜。

吃之前再加入苹果丝和葡萄。

🔪 4分钟，外加浸泡麦片的1小时

🕐 1~2份

❄ 不可冷冻

20克燕麦片

半汤匙小麦胚芽（可选）

75毫升苹果芒果汁（纯苹果汁也可以）

半个小的苹果，削皮，去核，擦丝

4粒葡萄，剥皮，去籽，切碎

儿童什锦早餐粥

将燕麦片、杏干、葡萄干和杏仁碎混合，放在料理棒配套的塑料碗里。倒入果汁，泡5分钟。泡软后，用料理棒打匀，然后和苹果丝拌在一起。

🔪 8分钟

🕐 1份

❄ 不可冷冻

2汤匙燕麦片

1汤匙切碎的杏干

半汤匙葡萄干

1汤匙磨碎的杏仁

4汤匙纯苹果汁（或橙汁、菠萝汁）

半个小的甜苹果，削皮，去核，擦丝

迷你香蕉麦麸玛芬蛋糕

✏ 10分钟

▭ 12分钟

🍥 24个玛芬蛋糕

❋ 可以冷冻

50克麸皮麦片

75毫升温牛奶

1根中等大小的香蕉，剥皮，捣烂

1个蛋黄

50毫升葵花籽油

50克葡萄干

60克绵黄糖

60克全麦粉

半茶匙小苏打

半茶匙泡打粉

半茶匙肉桂粉

1/4茶匙姜粉

烤箱预热到180℃（如果使用的是燃气烤箱，则调到4挡）。在两个12连杯的迷你玛芬蛋糕模具里放好纸托。

将麸皮麦片、牛奶和香蕉泥混合在一起，静置5分钟。再将它们同蛋黄、油、葡萄干和糖一起倒进料理机，搅打1分钟。再倒入其他食材，选择"点动"的功能，搅打几下，使食材变成均匀的面糊。把面糊分装进蛋糕纸托里，在每个纸托里放入约1汤匙的面糊。将烤盘放入烤箱，烘烤12~14分钟，直到蛋糕表面鼓起，用手按起来稍硬。

把烤盘端出烤箱，晾5分钟。然后把蛋糕取出，摆在架子上晾凉。

如果要冷冻烤好的蛋糕，最好把它们放在密封的保鲜盒或保鲜袋里。化冻时，在室温下放置30分钟即可。

如果家里有放了一段时间、表皮发黑了的香蕉，正好可以用来做玛芬蛋糕。香喷喷的小蛋糕是早餐和下午茶时的好选择。

鲜果配桃子树莓酱

将树莓、桃子和糖粉放进料理机打成果泥。再用滤网过滤一遍果泥，去除打碎的种子。

将枫糖浆和酸奶混合，顶上浇2汤匙做好的桃子树莓酱，搭配新鲜水果一起吃。

✎ 5分钟

🍳 3份

❄ 可以冷冻

50克红树莓，洗净

1个成熟的桃子，去核，切块

约1汤匙糖粉，用来增加甜味

2汤匙枫糖浆

50克原味酸奶或希腊酸奶

新鲜水果，如苹果、梨子、香蕉、猕猴桃、草莓、芒果或杏子。洗净，切成适宜的小块或小片

买来的水果酸奶和水果鲜乳酪可能含糖量偏高，所以最好买原味酸奶，再搭配自制的果泥。

糖渍水果酸奶

🥄 3分钟

🍳 2分钟

🕐 4~6份

❄️ 可以冷冻（不放入酸奶）

2汤匙苹果汁

150克蓝莓，洗净

2汤匙幼砂糖

100克草莓，洗净，摘掉叶子和蒂，每个切4块

75克红树莓，洗净

原味酸奶或希腊酸奶

将苹果汁和蓝莓放进炖锅，用小火加热约2分钟，直到蓝莓稍软即可。把锅从火上端开，往锅里加入幼砂糖、草莓和树莓，搅拌至砂糖融化。把做好的水果舀进碗里，再放入酸奶，即可食用。

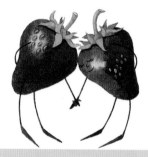

美味的糖渍水果除了搭配酸奶，还可以搭配燕麦片。

肉桂口味苏格兰薄煎饼（配香蕉和草莓）

　　先制作薄煎饼的面糊。把泡打粉、面粉、糖和肉桂粉放进大碗混合，再加入鸡蛋和牛奶，搅拌均匀。

　　往煎锅里倒入少量葵花籽油，刷匀。锅热后，舀适量面糊倒进煎锅，大小差不多盖住锅底即可。煎2分钟，翻面再煎2分钟，直到两面变成淡淡的金黄色。取出薄煎饼，继续做下一个，直到面糊用完为止。每做新的一块饼时，可以再往锅里加一些油。

　　将薄煎饼和香蕉、草莓搭配着吃。

🔪 5分钟

🍳 20分钟

🍘 约20个薄煎饼

❄ 可以冷冻

1茶匙泡打粉

225克自发面粉

50克幼砂糖

半茶匙肉桂粉

2个鸡蛋

250毫升牛奶

少许葵花籽油，用来摊薄煎饼

切片的香蕉和草莓

莓果法式吐司

/ 2分钟

□ 5分钟

◉ 8份

✳ 不可冷冻

1个鸡蛋，打匀

1汤匙牛奶

2茶匙糖粉，再准备一些用来撒在煎好的面包上

一大撮肉桂粉

2片吐司面包，去掉面包边

一块无盐黄油

搭配着吃的树莓和蓝莓

将鸡蛋、牛奶、糖粉和肉桂粉在一个浅口碗里混匀。将每片吐司面包切成三角形，也可以用饼干模具切出其他可爱的图案。将切好的面包在混合蛋液里浸一浸，让两面都沾上蛋液。

黄油放进煎锅加热融化，将面包下锅，煎约 5 分钟。中途翻面一次，煎到两面金黄色，略微蓬松，即可食用。

将吐司和莓果搭配着吃。还可以再撒点糖粉和肉桂粉。

蓝莓富含维生素 C 和 β-胡萝卜素。果皮里蓝色的部分含花青素，有帮助预防癌症的功效。

快手大米布丁

50克大米

600毫升牛奶

1~2汤匙幼砂糖

半茶匙香草精

将全部食材放进厚底炖锅，烧开。再调成小火，盖上锅盖，煮30~35分钟，不时翻搅。煮好的大米布丁可以和水果一起吃，也可以搭配下面这些美味食材一起吃。

适合和大米布丁一起吃的食物：

· 炖苹果梨子 · 草莓酱

· 罐头桃子 · 黄糖浆

· 芒果块 · 糖渍水果

草莓西瓜棒冰

　　将砂糖和水放进一口小炖锅，煮约3分钟，直到变成有些黏稠的糖浆。然后将它晾凉。

　　将草莓打成泥，用滤网过一遍，去掉打碎的种子。

　　将西瓜也打成泥，和草莓泥、冷却的糖浆混合，然后倒进棒冰模具里，放入冰箱冷冻。

✎ 5分钟

▭ 3分钟

🎨 6支小棒冰

❄ 可以冷冻

50克幼砂糖

60毫升水

250克草莓，洗净，摘掉叶子和蒂

250克西瓜，削皮，去籽，切小块

幼儿膳食

一周岁以上

早餐食谱

美味炒鸡蛋

将鸡蛋打进碗里，加入牛奶一起打匀。将黄油放进煎锅融化，加热至滋滋作响时，倒入蛋液。立刻调成中火或小火。撒入少许盐和胡椒粉调味，轻轻翻炒鸡蛋。等到鸡蛋基本凝固时，把锅端开。往锅里放入自己想吃的食材，比如右方列出的这些。

✏ 3分钟

🍳 5分钟

🕑 2份

❄ 不可冷冻

2个鸡蛋

2汤匙牛奶

一大块黄油

盐和胡椒粉

备选食材

新鲜细香葱、其他调味香草

小葱，切葱花

奶酪，用擦丝器擦碎

火腿，切丁

西红柿，切块

鸡蛋能为宝宝提供优质的蛋白质、锌元素、维生素 A、D、E 和 B_{12}。虽然鸡蛋中的胆固醇含量较高，但这与肥胖、吸烟等对身体带来的害处相比，几乎可以忽略不计。

火腿卷面包棒（蘸溏心蛋）

∕ 5分钟

▭ 4分钟

◉ 1份

✤ 不可冷冻

1个中等大小的鸡蛋

2片意大利熏火腿或帕尔玛火腿，纵向一切两半

2根面包棒，从中心掰断

将一大锅水烧开，然后调成小火。用大勺子把鸡蛋轻轻放进开水里，煮4分钟。这样煮出来的鸡蛋就是溏心蛋，蛋清已经凝固了但蛋黄还是半熟的。

利用这段时间，将一片火腿缠在半根面包棒上。从掰断的一端开始向下缠绕，每一圈都稍稍和前一圈重叠，到最后火腿可以裹住大约三分之二的面包棒。把火腿的末端用力按一按，就不容易松开了。将剩下的三根半截面包棒也都这样缠好。这种面包棒还有个有趣的外号叫"意大利士兵"。

把鸡蛋放进蛋杯，去掉顶部。就可以把火腿卷面包棒伸进去蘸着蛋黄吃了。

不满一岁的宝宝不能吃溏心蛋。

安娜贝尔花式燕麦片

在烤盘上刷点油。将烤箱预热到150℃（如果使用的是燃气烤箱，则调到2挡）。

将燕麦片、碧根果果仁、椰子片或椰蓉、盐和糖都放进一只大碗，用木勺搅匀。

将油和枫糖浆在一只小碗里混合均匀，浇在麦片上，拌匀。

把混合食材铺在烤盘里，放进烤箱中层，烘烤40~45分钟。每隔10分钟翻一翻。烤好以后倒进碗中，再加入葡萄干，晾凉。

✎ 5分钟

▭ 45分钟（不含晾凉的时间）

⊛ 6~8份

❋ 不可冷冻

175克燕麦片

70克碧根果仁，切碎

20克椰子片或椰蓉

1/4茶匙盐

60克绵红糖

2汤匙葵花籽油

4汤匙枫糖浆

50克葡萄干

这道花式麦片的吃法很多。早餐时可以搭配牛奶一起吃，或者浇上酸奶、蜂蜜或水果吃。它还可以当成小零食单独吃。如果宝宝对坚果过敏，或者是不爱吃坚果，可以用南瓜子代替碧根果仁，或者去掉这类食材，多放一份葡萄干。

香蕉花生酱小圆饼

🖊 1分钟

🍲 5分钟

🍳 1份

❄ 不可冷冻

2个英式小圆饼*

2汤匙花生酱

少许蜂蜜

1根小的香蕉，切片

烤炉预热。将小圆饼放在烤炉上加热，两面都要烤热。取下小圆饼，在一面上涂抹一些花生酱，再淋上一些蜂蜜，摆上香蕉片。将小圆饼摆在烤炉中层再加热几分钟。

*译者注：英式小圆饼（crumpet）是英国常见的一种主食，由面粉制成，上层有孔。

火腿奶酪英式玛芬蛋糕

烤炉选择高火进行预热。用烤面包机加热玛芬蛋糕。将奶油奶酪和切达奶酪混合，涂在热好的蛋糕上。在奶酪上撒一些火腿丁，铺上西红柿片。再将玛芬蛋糕用烤炉加热4~5分钟，直到奶酪融化，蛋糕颜色金黄即可。

✏ 3分钟

▭ 7~8分钟

◔ 2份

❄ 不可冷冻

2个英式玛芬蛋糕，每个切成两半

50克奶油奶酪

50克熟制切达奶酪，用擦丝器擦碎

2片火腿，切丁

1个西红柿，洗净，切片

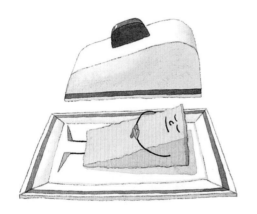

奶酪是理想的辅食。它富含优质蛋白质和钙，可以强壮骨骼和牙齿。

泡泡浆果饮

✐ 5分钟

🥧 1杯

❋ 不可冷冻

85克新鲜或速冻的夏季浆果

1根小的香蕉，剥皮，切大块

3汤匙草莓酸奶

2汤匙蜂蜜（液态）

4汤匙牛奶

如果用的是速冻浆果，先将它们在室温环境下放置20分钟化冻。

把浆果、香蕉、酸奶和蜂蜜放进搅拌机，搅打1~2分钟，直到变成顺滑的泥。再加入牛奶，继续搅打，直到打出丰富的泡泡。最后倒进玻璃杯即可饮用。

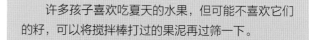

许多孩子喜欢吃夏天的水果，但可能不喜欢它们的籽，可以将搅拌棒打过的果泥再过筛一下。

蔬菜食谱

蔬菜意大利面

按照包装上的说明把意大利面煮熟。在意大利面出锅前3分钟，把西蓝花放进锅里一起煮。煮好后把面和菜捞出、控干。

将油放进煎锅加热。韭葱下锅，煎3分钟。南瓜下锅，再煎3分钟，直到煎得刚刚熟。将蘑菇下锅，依次倒入鸡汤或蔬菜高汤、酱油、柠檬汁和蒜蓉。把意大利面、西蓝花和酸奶油都加入锅里，最后撒上帕尔玛奶酪。一边加热一边搅拌，酌情加入调味料。

意大利面是很棒的能量来源。它含有丰富的碳水化合物，分解后能为人体内的细胞活动提供能量。

🖊 10分钟

🍳 10分钟

🥧 4份

❄ 可以冷冻

225克螺旋意大利面

125克西蓝花，洗净

2汤匙葵花籽油

150克韭葱，洗净，择好，切薄片

100克奶油南瓜，削皮，去瓤去籽，切块

75克蘑菇，洗净，切片

200毫升鸡汤或蔬菜高汤

2汤匙酱油（最好是小袋现开现用的）

1茶匙柠檬汁

1茶匙蒜蓉

100克法式发酵酸奶油

50克帕尔玛奶酪，用擦丝器擦碎

盐和胡椒粉

/ 5分钟

▭ 8~9分钟

◔ 1份

❄ 不可冷冻

1张墨西哥小麦玉米薄饼

2.5汤匙西红柿酱（详见右下方的说明）

30克切达奶酪或马苏里拉奶酪，用擦丝器
擦碎

备选的顶料

2~3枚黑橄榄，去核，切成圈圈

1个樱桃西红柿，切成圈圈

2块罐头装菠萝，捞出、控干，切丁

1汤匙红甜椒丁

1汤匙罐头装甜玉米粒

1根小葱，切葱花

2个蘑菇，切片，用少量油煎熟

3~4片薄薄的西葫芦片，刷少许油

1汤匙擦碎的帕尔玛奶酪

2枚晒制的小西红柿，切碎

玛格丽特比萨（墨西哥薄饼底）

烤箱预热到200℃（如果使用的是燃气烤箱，则调到6挡）。将墨西哥薄饼放在烤盘上，表面涂抹西红柿酱，撒上奶酪，再放上宝宝爱吃的顶料（详见推荐的顶料表）。将薄饼烘烤8~9分钟，直到奶酪烤化，薄饼底部变脆，就做好了。将烤好的比萨分切成扇形，稍微晾一会儿再给宝宝吃。

墨西哥小麦玉米薄饼比常规的比萨底薄，很适合宝宝吃。烘烤时，饼皮中的空气受热后，偶尔会让薄饼鼓起来。不过一端出烤箱，鼓起的地方就又回落了，所以不要紧。

做西红柿酱的时候，可以按照个人口味调整配方，直接从超市买现成的也行。

每个比萨所用的顶料最好不要超过两种。

千层酥比萨

烤箱预热到200℃（如果使用的是燃气烤箱，则调到6挡）。把酥皮擀成宽20厘米，长25厘米的长方形，再切成4份，摆在烤盘上。用叉子在面皮上扎一些小孔。

将奶油奶酪和青酱混合，涂在饼皮上，在顶上摆些西红柿片，撒些罗勒碎和奶酪碎。将比萨放入烤箱，烘烤15~20分钟，直到饼皮鼓起，颜色变成较深的金色。

🖌 10分钟

▭ 15~20分钟

🍳 4块小比萨

❋ 可以冷冻

250克千层酥皮（直接买市售的即可）

1汤匙奶油奶酪

1汤匙青酱

4个西红柿，洗净，切片

几片新鲜罗勒叶，切碎

100克熟制切达奶酪，用擦丝器擦碎

在进餐快结束时给宝宝吃点奶酪很有好处。奶酪中的钙元素可以中和牙菌斑所产生的酸性物质，达到降低龋齿风险的效果。奶酪里的蛋白质也能被牙釉质层吸收，从物理层面减少发生龋齿的可能。

胡萝卜豌豆烩饭

🥄 10分钟

🍳 20分钟

🍲 4~6份

❄ 可以冷冻

1汤匙橄榄油

1个洋葱（约140克），剥皮，切块

1根胡萝卜（约100克），削皮，切块

1个西葫芦（约200克），洗净，切掉顶部
和尾部，切块

2瓣蒜，拍碎

125克大米

450毫升鸡汤

50克速冻豌豆

50克帕尔玛奶酪，用擦丝器擦碎

2汤匙切碎的罗勒叶

半个柠檬挤出的汁

烤箱预热到170℃（如果使用的是燃气烤箱，则调到3挡）。将橄榄油放在耐热的平底焖锅或砂锅里加热。洋葱、西葫芦和胡萝卜下锅，煎2分钟。蒜和大米下锅，再往锅里倒入鸡汤，搅拌均匀，一起烧开。然后盖上锅盖，整锅端进烤箱，加热10分钟。再向锅里加入豌豆，放回烤箱加热5分钟，直到米饭烤熟。最后拿出焖锅或砂锅，往里面撒入帕尔玛奶酪、罗勒叶和柠檬汁。

胡萝卜有助于增强夜间视力。因为它们富含 β-胡萝卜素，这种物质在人体里可以转化为维生素 A。而如果人体缺乏维生素 A，最先表现出来的症状之一就是夜盲症。

蔬菜沙拉配什锦酱

制作每一款蘸酱时，只要把配料混合在一起，装进小碗就行了。但制作甜辣奶油奶酪酱时，可以把甜辣酱直接浇在奶油奶酪和香葱上。

沙拉酱可以搭配黄瓜、胡萝卜、甜椒条和樱桃西红柿吃。还可以尝试一些平时不常吃的蔬菜，比如甜豌豆。另外，皮塔饼和面包棒也是不错的选择。

❄ 不可冷冻

千岛酱

2汤匙希腊酸奶

2汤匙蛋黄酱

2茶匙西红柿酱

半茶匙柠檬汁

1~2滴伍斯特辣酱油

甜辣奶油奶酪酱

100克奶油奶酪

1茶匙切碎的香葱

1茶匙甜辣酱

芒果奶油奶酪酱

4汤匙奶油奶酪

3汤匙原味酸奶

1.5汤匙芒果酱

1汤匙柠檬汁

一撮咖喱粉

适量盐和胡椒粉，按口味酌情添加

田园沙拉酱

3汤匙酸奶油

2汤匙蛋黄酱

1汤匙酸橙汁（可选）

1茶匙香菜末

1茶匙切碎的香葱

适量盐和胡椒粉，按口味酌情添加

胡萝卜玉米煎饼

/ 10分钟

□ 10分钟

◔ 10个小饼

❄ 可以冷冻

50克自发面粉

1个鸡蛋

1汤匙牛奶

1根中等大小的胡萝卜（100克），
削皮，擦丝

50克西葫芦，洗净，切掉顶部和尾
部，擦丝

半个中等大小的红洋葱（约75克），
剥皮，切碎

2汤匙罐头装甜玉米粒，控干汤水

2汤匙切碎的罗勒叶

1汤匙甜辣酱

50克切达奶酪，用擦丝器擦碎

盐和胡椒粉

少量油，用来煎饼

将面粉、鸡蛋和牛奶放进一只碗，搅拌均匀，加入剩余的食材（植物油除外）。

将油放进煎锅加热，舀几勺面糊摊在锅里，每面煎2~3分钟。

和多数蔬菜不同，胡萝卜烹饪之后才更有营养。烹制的过程中，胡萝卜的植物细胞会破裂，其中的抗氧化物和其他化合物才容易被人体吸收。

262

菠菜西红柿意式汤团*

/ 7分钟

□ 20分钟

⊙ 4份

❋ 可以冷冻

400克意式汤团

50克嫩菠菜

1汤匙橄榄油

1个洋葱，剥皮，切块

1瓣蒜，拍碎

500克西红柿糊

1汤匙晒制的西红柿酱

半茶匙晒干的牛至叶碎片

2茶匙糖

3汤匙浓奶油

盐和胡椒粉

50克马苏里拉奶酪，切丁

30克帕尔玛奶酪，用擦丝器擦碎

按照包装袋上的说明把小汤团煮熟。汤团出锅前半分钟，把菠菜放进锅里一起煮。将煮好的汤团和菠菜一起捞出、控干。

橄榄油放进炖锅加热。洋葱和蒜下锅，煎5分钟，直到熟软即可。往锅里加入西红柿糊、西红柿酱、牛至叶和糖，小火煮5分钟。再加入奶油。把煮好的小汤团和菠菜倒进锅里，撒上盐和胡椒调味。

烤炉选择高火挡，预热。把锅中的食材盛进浅底耐热烤盘里，顶部撒上马苏里拉奶酪和帕尔玛奶酪。将烤盘放在烤架上加热5分钟。

菠菜富含 β-胡萝卜素和维生素 C。不要过度加热菠菜，这样会使菠菜里的营养成分遭到破坏。虽然大家认为吃菠菜能补铁（就像动画片《大力水手》里表现的一样），但其实菠菜所含的铁元素并不是特别丰富。

*译者注：汤团（gnocchi）是一种用土豆和面粉制成的意大利传统主食。

鱼肉食谱

迷你鱼派

✏ 3分钟

▭ 15~20分钟

🌀 4份

❅ 可以冷冻

400克土豆，削皮，切大块

2根中等大小的胡萝卜（150克），削
皮，切块

25克黄油，此外再多备一些用来做土豆泥

1个中等大小的洋葱（约140克），剥
皮，切块

25克中筋面粉

300毫升牛奶，此外还要2汤匙用来做土
豆泥

2茶匙柠檬汁

2茶匙切碎的莳萝叶

30克帕尔玛奶酪，用擦丝器擦碎

300克鳕鱼肉片（或者鳕鱼、三文鱼肉片
各150克），去皮去骨，切小块

盐和胡椒粉

烤箱预热到200℃（如果使用的是燃气烤箱，则调到6挡）。将土豆、胡萝卜放进一口大炖锅，用冷水没过，烧开。然后调成小火，再煮15分钟，直到食材熟软。

利用这段时间，将黄油放进另一口炖锅加热融化。洋葱下锅，翻炒至表面变成淡淡的金色。再加入面粉，一边加热一边搅匀。往锅里倒进牛奶，烧开，搅拌成黏稠的奶糊状。把锅端开，将柠檬汁、莳萝和帕尔玛奶酪放进锅里。再放入鱼肉，酌情添加盐和胡椒调味。将做好的食物分装进4个模具小碗里。

将煮好的土豆、胡萝卜捞出、控干，再捣成泥。将它们与一块黄油和剩余的少量牛奶混合拌匀。然后在每碗鱼派的顶部浇几勺土豆胡萝卜泥。再用叉子把薯泥拨得疏松一些。放入烤箱，烘烤15分钟，鱼派滋滋冒泡即可。

三文鱼中富含的脂肪对维持大脑功能和免疫系统机能有着重要的作用。研究者认为这些脂肪可以缓解儿童诵读困难和行动障碍的症状。

中式烩鱼柳

先来制作酱汁。将高汤、酱油、香油、糖、苹果醋和玉米淀粉混合，倒进炖锅，一起烧开。然后调成小火，一边煮一边搅拌2~3分钟，直到煮成又稠又顺滑的酱汁。最后撒入葱花。

将1汤匙植物油放进平底锅加热。西葫芦、红甜椒下锅，煎炒4分钟。

根据口味，在面粉中酌情加入盐和胡椒粉调味。再将鱼肉放进面粉里滚一滚，裹上薄薄的一层。将剩余的植物油放进一口煎锅加热。鱼肉下锅，每一面煎3分钟左右，直到熟透。

往煎鱼肉的锅里加入炒好的菜料，再倒入酱汁，煮2分钟即可。

🔪 5分钟

🍳 20分钟

🕐 2份

❄ 可以冷冻

3汤匙植物油

1个小的西葫芦（100克），洗净，切掉顶部和尾部，切成条

半个红甜椒（50克），洗净，去瓤去籽，切成条

盐和胡椒粉

中筋面粉，用来裹粉

350克比目鱼肉片，去皮去骨，切成6.5厘米长的肉条

酱汁

250毫升鸡汤或鱼汤

10毫升酱油

1茶匙香油

1汤匙糖

1汤匙苹果醋

1汤匙玉米淀粉

1根小葱，洗净，切葱花

奶酪酱汁炖鳕鱼

/ 10分钟

▭ 20分钟

⊛ 3~4份

⊛ 可以冷冻

300克土豆，削皮，切大块

25克黄油

1个中等大小的洋葱（约140克），剥皮，
切碎

2平汤匙中筋面粉

2茶匙米醋

300毫升牛奶

25克帕尔玛奶酪，用擦丝器擦碎

250克鳕鱼肉片，去皮去骨，切成3厘米的
小块

2汤匙切碎的细香葱

2汤匙牛奶

15克黄油

将土豆放进一口大的炖锅，倒进开水将它没过。煮约20分钟，直到土豆熟软。

利用这段时间，把黄油放进另一口炖锅加热融化。洋葱下锅，煎5分钟，直到熟软。再依次加入面粉、米醋。一边搅拌一边加入牛奶，烧开。继续搅拌直至变成稠稠的奶糊。将帕尔玛奶酪和鳕鱼下锅，用小火煮3~4分钟，直到鱼肉熟透。最后加入细香葱。

捞出煮好的土豆，加入牛奶和黄油，一起捣成泥。

鳕鱼这样白色的鱼肉是低脂蛋白质的优质来源，还含有硒元素、钙元素和镁元素。吃鱼肉可以帮助人体对抗自由基，还能增强免疫力。

香烤三文鱼

✎ 3分钟，外加腌鱼肉的1小时

🍴 10分钟

🍲 4份

❄ 不可冷冻

2片三文鱼肉片（约200克），去皮去骨，切成4厘米的小块

腌渍汁

1.5汤匙酱油

2汤匙西红柿酱

1汤匙白葡萄酒醋

半茶匙甜辣酱

1.5汤匙黑糖

把制作腌渍汁的全部配料放进一口小炖锅。用小火一边加热，一边搅拌，直到糖熬化。把锅端开，将腌渍汁倒进一只中等大小的碗，晾凉。将三文鱼块倒进碗里，充分浸泡1小时以上。

烤炉选择高火挡预热。在烤盘里铺好铝箔纸，把三文鱼摆在上面，浇上腌渍汁，用烤炉加热约5分钟。中途要把鱼肉翻面，补浇一些腌渍汁，一直烤到鱼肉熟透。烤好的三文鱼可以和中式炒饭（做法详见右页）一起吃。

中式炒饭

按照包装上的说明煮熟大米，将胡萝卜也放进锅里一起煮。米饭煮好之前 4 分钟，把豌豆放进锅里同煮。

利用这段时间，把植物油放进一口煎锅加热。将鸡蛋加少许盐打匀，倒进煎锅。把锅来回晃几下，让蛋液铺满锅底。薄薄的蛋饼基本凝固以后，即可出锅。将蛋饼卷成香肠状，再切成细丝。

将黄油放进炒锅加热融化。洋葱下锅，煎炒 2 分钟。再将米饭、胡萝卜和豌豆下锅，加入酱油和现磨的胡椒粉，继续翻炒米饭约 2 分钟。最后再加入鸡蛋丝和葱花，翻炒一下。

这道炒饭可以搭配香烤三文鱼（做法详见左页）一起吃。

/ 6分钟

☐ 12分钟

🍽 4份

❄ 不可冷冻

200克印度香米

1根小的胡萝卜（65克），削皮，切碎

75克速冻豌豆

1茶匙植物油

1个鸡蛋，略微搅拌

一撮盐

25克黄油

1个小的洋葱（65克），剥皮，切碎

2汤匙酱油

现磨的黑胡椒

1根小葱，洗净，切葱花

照烧三文鱼

/ 5分钟

□ 8分钟

◔ 6份

✳ 不可冷冻

1汤匙芝麻

200克去皮去骨三文鱼肉片，切成1厘米的小块

1/4茶匙姜末

1.5茶匙老抽

1汤匙蜂蜜（液态）

6根木签子，在水里先泡半小时

先在一个烤盘上铺好铝箔纸。

将芝麻放进小煎锅，用中火加热2~3分钟，翻动两三次。将炒好的芝麻放进盘子晾凉。

在每根木签子上串上三四块鱼肉，然后把鱼肉串摆在铺好铝箔的烤盘上。

烤炉选择高火挡，预热。制作照烧酱汁，只需把姜、老抽和蜂蜜放进一只碗里，搅拌均匀。取一些酱汁刷在鱼肉上，再将鱼肉串尽量凑近烤炉温度高的地方，烤制2分钟。再取一些酱汁刷在鱼肉上，烤制2分钟。将肉串翻面，重复刷酱汁和烤制的步骤。

将烤好的肉串稍微晾一晾，撒上芝麻。如果是给较小的宝宝吃，最好把鱼肉从签子上取下来给他吃。

香酥鱼柳

用厨房用纸吸去鱼肉表面的水分，再把鱼肉切成小指大小的细条（大约能切出16根）。将面粉放在一个大盘子里。将面包糠、帕尔玛奶酪和柠檬皮屑放在另一个大盘子里，混合均匀，加入一大撮红甜椒粉、适量的盐和胡椒粉调味。将鸡蛋打进一只小碗，加一撮盐，打匀。

将每条鱼肉放进面粉里裹一裹，再放进蛋液里浸一浸，最后在面包糠里滚一滚。

油放进大煎锅或炒锅，用中火加热。鱼柳下锅，每面煎一分半钟到两分钟，煎至鱼肉熟透、颜色金黄。出锅后放在厨房用纸上吸去多余的油分，然后晾凉一些，即可食用。

日式面包糠轻软酥松，很适合煎鱼时用作裹粉，大型超市一般有售。

✏️ 15分钟

🍳 10分钟

🥮 4份

❄️ 可以冷冻（未煎熟的）

170克去皮去骨的柠檬鳎肉片（或者类似的鱼肉，例如鲽鱼、偏口鱼或罗非鱼）

2汤匙中筋面粉

55克日式面包糠或干面包屑

30克帕尔玛奶酪，用擦丝器擦碎

半茶匙很碎的柠檬皮屑

红甜椒粉，按口味酌情添加

盐和胡椒粉

1个鸡蛋

4~5汤匙葵花籽油，用来煎鱼柳

冷冻方法：把生鱼柳摆在铺好保鲜膜的烤盘上，冷冻2~3小时，直至冻硬。然后将鱼柳转移进保鲜袋，继续冷冻保存。下次要吃时，从冰箱取出鱼柳直接煎熟即可。注意煎制的时间要增加半分钟。

鸡肉食谱

三款鸡肉串酱汁

　　将制作所选酱汁需要的配料都混合在一起。将酱汁和鸡肉一起装在自封袋里或碗里，放进冰箱，静置最少1小时。鸡肉下锅前，撒点盐和胡椒粉调味。但不要把盐和胡椒粉混在酱汁里。

　　鸡肉腌好后，烤炉选择高火，进行预热。把鸡肉串在木签子上，在烤盘里铺好铝箔纸，摆上肉串。将鸡肉串用烤炉加热，肉串的每一面加热3~4分钟。

　　也可以用平底煎锅来加热肉串。

✎ 5~10分钟，外加腌渍鸡肉的1小时

▭ 8~10分钟

🕐 2~4份

❄ 可以冷冻

每种酱汁鸡肉串都需要的原材料

110克鸡小胸或110克去皮去骨鸡胸肉，切成4条

盐和胡椒粉

4根木签子，在水里先泡半小时

柠檬百里香口味

1/4茶匙切碎的百里香叶

一小瓣蒜，拍碎

2汤匙橄榄油

2茶匙现挤的柠檬汁

西红柿黑醋口味

3个樱桃西红柿

3个晒制的西红柿

2汤匙橄榄油

半汤匙意大利黑醋

半茶匙绵黄糖

半茶匙西红柿泥

特浓酱香口味

1/4茶匙姜末

1茶匙老抽

1茶匙米醋

半茶匙现挤的柠檬汁

半茶匙西红柿泥

半茶匙绵黄糖

1汤匙葵花籽油

　　酱汁不仅可以使鸡肉入味，还能让肉质更软嫩。腌好的生鸡柳可以冷冻，想吃的时候取出就能直接烹制了。

　　烤好的肉串如果放凉了，不宜再次加热。

芝麻鸡柳

🔪 5分钟，外加腌渍鸡肉的1小时

🍴 4~6分钟

🍳 4份

❄ 可以冷冻

2片鸡胸肉，切成2厘米宽的肉条

盐和胡椒粉

200毫升白脱牛奶

1汤匙柠檬汁

1茶匙伍斯特辣酱油

1茶匙酱油

1/4茶匙红甜椒粉

1瓣蒜，剥皮，切片

125克干面包糠或新鲜白面包屑

40克芝麻

少许植物油，用来煎鸡柳

将鸡柳用适量盐和胡椒粉调味。把白脱牛奶、柠檬汁、伍斯特辣酱油、酱油、红甜椒粉和蒜蓉放入碗里混合。把鸡柳放进碗里均匀地蘸上酱料，盖上盖子，腌制最少1小时，也可以直接腌制一整夜。

将鸡柳上多余的酱汁控干。把面包糠、芝麻、盐和胡椒粉在一只大碗里混合，将鸡柳放进碗里裹上一层面包糠。植物油放进大煎锅加热。鸡柳下锅，每面煎2~3分钟，直到鸡柳表面颜色金黄、鸡肉熟透。

芝麻富含蛋白质和矿物质，还能为宝宝提供优质的脂肪酸和维生素 E。

276

烧烤酱香鸡肉丸

　　先制作烧烤酱汁。将橄榄油放入炖锅里加热。洋葱和蒜下锅，煎5分钟，直到熟软。取出一半洋葱和蒜放进一个大的搅拌碗里。再继续往炖锅里加入西红柿酱、水、酱油、红糖、伍斯特辣酱油、意大利黑醋，和剩下的一半洋葱和蒜一起烧开。然后调成小火，煮2分钟。再往锅里放入柠檬汁。把玉米淀粉和少许凉水混匀后，倒进锅里，将锅里的食材搅拌至稠稠的状态，烧烤酱汁就做好了。

　　接下来做鸡肉丸。将鸡肉放进料理机打碎，再和搅拌碗中的洋葱和蒜混在一起。将面包片用料理机打碎，变成碎碎的面包屑后，也倒进碗里。再往碗里加入百里香、蛋黄和苹果丝，搅拌均匀。搓成24个鸡肉丸。

　　将少许油放进煎锅加热。鸡肉丸下锅，煎至表面浅金色。然后把丸子放进制作酱汁的锅里，用小火煮5~8分钟，直至熟透。

🔪 20分钟

🍳 20分钟

🍚 24个鸡肉丸

❄ 可以冷冻

1汤匙橄榄油

1个洋葱（约140克），剥皮，切碎

1瓣蒜，拍碎

100毫升西红柿酱

400毫升水

1.5茶匙酱油

1汤匙红糖

2茶匙伍斯特辣酱油

1茶匙意大利黑醋

1茶匙柠檬汁

1汤匙玉米淀粉

鸡肉丸的配料

2片鸡胸肉

1片白面包

2茶匙切碎的百里香叶

1个蛋黄

1个苹果，削皮，去核，擦丝

少量油，用来煎丸子

迷你鸡肉香肠

／ 10分钟，外加1小时的冷藏时间

▭ 12分钟

⊛ 8份

❀ 可以冷冻

1汤匙橄榄油

半个小红洋葱（30克），剥皮，切块

2汤匙新鲜面包屑（用半片白面包做成，去掉面包边）

125克鸡肉馅

半个大的甜苹果，削皮，去核，擦丝

1茶匙切碎的欧芹叶

2汤匙擦碎的帕尔玛奶酪

半块鸡汤浓汤宝，用半汤匙开水融化

1汤匙面粉

3~4汤匙葵花籽油，用来煎香肠

将橄榄油放进平底锅加热。红洋葱下锅，煎炒5分钟。将熟软的红洋葱、面包屑、鸡肉馅、苹果丝、欧芹、帕尔玛奶酪和浓汤宝放进料理机，一起打成泥。

舀一勺鸡肉泥，搓成香肠的形状。重复这一步，把肉泥都做成香肠。将做好的香肠冷藏1小时。

将面粉铺在一个大盘子上，把香肠放在面粉里滚一滚。将葵花籽油放进煎锅加热，香肠下锅，用中火煎5~6分钟，不时翻面，直到香肠颜色金黄即可食用。

这些小香肠趁热吃或放凉了吃味道都很好，大小也正适合宝宝的小手抓握。

沙茶酱鸡肉串

　　将姜、蒜、酸橙汁、酱油、蜂蜜和花生酱放在一只中等大小的碗里，混合均匀。将鸡肉放进碗里滚一滚，盖上盖子，放进冰箱腌渍最少半小时，或直接腌渍一整夜。

　　将烤炉调到高火，预热。在烤盘上铺好铝箔纸。取出腌好的4条鸡肉，把每条鸡肉分别串在1根签子上。把鸡肉串摆在铝箔纸上，浇上剩余的酱汁。将烤盘放入烤炉，加热。鸡肉串每一面烤制3~4分钟，直到熟透。

　　如果还想制作沙茶酱，就把所需的配料放进一口平底小锅，用小火加热至酱料融化在一起，不时搅拌。烧开后继续加热1分钟，直到沙茶酱变得黏稠。将锅从火上端开，沙茶酱晾至室温。

　　将鸡肉串蘸着沙茶酱吃。如果是给小一点的宝宝吃，要把鸡肉从签子上取下，切成小块。

　　这款鸡肉串晾凉之后也很好吃，但不适合再次加热。

✎ 5分钟，外加半小时的腌渍时间

▭ 10分钟

🍡 4串

❄ 可以冷冻

半茶匙姜末

半瓣蒜，拍碎

2茶匙现挤的酸橙汁

2茶匙老抽

2茶匙蜂蜜（液态）

4茶匙顺滑的花生酱

4块鸡小胸（总重量约110克）或110克去皮去骨的鸡胸肉，纵向切成4条

4根木签子，在水里先泡半小时

沙茶酱的配料（可选）

50克顺滑的花生酱

3汤匙椰浆

2汤匙水

2茶匙甜辣酱

半茶匙老抽

鸡肉、南瓜、豌豆烩饭

烤箱预热到170℃（如果使用的是燃气烤箱，则调到3挡）。将1汤匙橄榄油放进耐热的炖锅或浅口砂锅里加热。洋葱下锅，煎3分钟。接着将蒜、大米下锅，倒入鸡汤、百里香叶和南瓜，一起烧开。然后盖上锅盖，端进烤箱，加热15分钟。出锅前5分钟时，往锅里加入豌豆。

利用这段时间，把剩余的橄榄油放进一口小煎锅加热。鸡肉下锅，煎熟。

把米饭端出烤箱。加入煎好的鸡肉、黄油和帕尔玛奶酪，搅拌均匀，趁热食用。

> 鸡肉富含优质蛋白质和宝宝肌肉生长所需的多种氨基酸。

🖊 15分钟

▭ 20分钟

🕐 4~5份

❄ 可以冷冻

2汤匙橄榄油

1个中等大小的洋葱（约140克），剥皮，切块

1瓣蒜，拍碎

125克大米

450毫升鸡汤

1茶匙切碎的百里香叶

100克奶油南瓜，削皮，去瓤去籽，切丁

50克速冻豌豆

1片鸡胸肉，切块

一块黄油

40克帕尔玛奶酪，用擦丝器擦碎

鸡肉烩面

/ 7分钟

▭ 15分钟

🌀 4份

❄ 可以冷冻

1根中等大小的胡萝卜（约100克），削
皮，切丁

100克中等粗细的鸡蛋面

2汤匙香油

1个中等大小的洋葱（约140克），剥
皮，切片

半个黄甜椒，洗净，去瓤去籽，切丁

1瓣蒜，拍碎

1片鸡胸肉，切成条

2茶匙蚝油

2茶匙酱油

2茶匙甜辣酱

2汤匙罐头装甜玉米粒，控干

将一锅水烧开，胡萝卜下锅，煮10分钟。胡萝卜快出锅时，将面条下锅同煮。煮制时间以面条包装上的说明为准。

利用这段时间，把香油放进另一口锅里加热。洋葱、甜椒下锅，煎3~4分钟。再将蒜和鸡肉下锅，煎至鸡肉熟透。

将胡萝卜和面条捞出、控干，一起倒入煎锅。再往锅里放入蚝油、酱油、甜辣酱和甜玉米粒，一起翻炒片刻，即可食用。

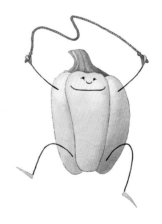

鸡肉墨西哥薄饼

将鸡肉放进碗里，淋上蜂蜜，再撒上盐和胡椒粉调味。将1汤匙油放进小煎锅加热，鸡肉下锅，煎4~6分钟直到熟透，放在一旁备用。

将葱花、切达奶酪、甜玉米粒、罗勒叶和蛋黄酱一起放进一只小碗，混合均匀。鸡肉切成薄片，和碗里的酱拌在一起。

将平底煎锅加热。把一张墨西哥薄饼放进锅里慢慢加热，加热后的饼皮更容易卷起来。将热好的薄饼放在案板上，取1/4碗中的混合食材摊在饼上，然后把饼卷成枕头形。注意压住饼边，不要散开。将另外3张饼也以同样的方式卷好。

在饼的两面都刷上少许油，下锅。将薄饼煎至两面微焦、内馅温热、奶酪融化。

✐ 3分钟

▭ 15~20分钟

◷ 8份

❋ 可以冷冻

180克鸡胸肉

1茶匙蜂蜜（液态）

盐和胡椒粉

2汤匙橄榄油

3根小葱，洗净，切葱花

25克切达奶酪，用擦丝器擦碎

3汤匙罐头装甜玉米粒，控干

2汤匙切碎的罗勒叶

4汤匙蛋黄酱

4张墨西哥薄饼

中式鸡肉炒饭

按照包装上的说明把大米煮熟，控干。

利用这段时间来加热橄榄油。洋葱下锅，煎炒5分钟。甜椒下锅，煎3分钟。葱花、鸡肉和蒜下锅，煎至鸡肉熟透。再往锅里放入酱油、甜辣酱和米饭，一起翻炒均匀，酌情加入盐和胡椒粉调味。

∕ 7分钟

⊟ 15分钟

⊛ 4份

❀ 可以冷冻

150克长粒大米

1汤匙橄榄油

1个中等大小的洋葱（约140克），剥皮，切块

40克红甜椒，洗净，去瓤去籽，切丁

4根小葱，洗净，切葱花

1片鸡胸肉，切块

1瓣蒜，拍碎

1汤匙酱油

1汤匙甜辣酱

盐和胡椒粉

大蒜有益心脏健康，还能预防感冒。研究表明大蒜能增强免疫力，因为其中的蒜素是一种天然的抗菌素，同时也能抵抗真菌。

其他肉类食谱

安娜贝尔匈牙利红烩牛肉

将牛排放在案板上，盖上一层保鲜膜，用小木槌或擀面杖把牛排敲打成厚度3毫米的薄片，然后切成细条。

将橄榄油放进炒锅或大的煎锅加热。牛肉下锅，煎3分钟，这时牛排的内部还是淡红色的。将牛肉放进盘子备用。

将炒锅放回灶上，洋葱、蒜和红椒下锅，煎2分钟左右，直到熟软。往锅里撒入红椒粉和烟熏红椒粉，煎炒3分钟。往锅里倒入西红柿块、西红柿泥、牛肉汤和糖，一起烧开。然后调成小火，煮10分钟。将火再调小一点，牛肉下锅，炖5分钟。牛肉下锅以后，锅里的汤要尽量保持在不再烧滚的状态。炖好后，把锅端开，酌情往锅里撒入盐和胡椒粉调味，最后加入酸奶油。还可以选择放入欧芹叶。

红烩牛肉常和黄油面条搭配着吃。按照包装上的说明把200克宽面条煮熟、控干，再和一块黄油拌匀。将面条分成4份。在每份面条上浇几勺红烩牛肉即可。同样地，红烩牛肉也可以搭配米饭吃。

/ 10分钟

□ 25分钟

◍ 4份

❀ 可以冷冻

350克西冷牛排，去除多余的脂肪部分

1汤匙橄榄油

1个中等大小的洋葱（约140克），剥皮，切块

1瓣蒜，拍碎

半个红甜椒，洗净，去瓤去籽，切成火柴棍似的细条

1茶匙红甜椒粉

1/4茶匙烟熏红甜椒粉

400克罐头装西红柿块

2汤匙西红柿泥

125毫升牛肉汤

半茶匙糖

盐和胡椒粉

2汤匙法式发酵酸奶油或酸奶油

1汤匙切碎的欧芹叶（可选）

黑醋红糖牛肉串

⟋ 10分钟，外加15分钟腌渍时间

▭ 10~15分钟

🍳 4串

❄ 不可冷冻

2汤匙意大利黑醋

1.5汤匙绵黄糖

1汤匙水

150克西冷牛排或菲力牛排，切成1厘米的小块

4根木签子，先在水里泡20分钟

　　将黑醋、糖和水放进一口小炖锅，用中火烧开，不停搅拌。然后调成小火，熬2~3分钟，直到锅中的水只剩一半，呈现糖浆状。把糖浆倒进碗里，晾5分钟。将牛肉放进碗里滚一滚，腌10~15分钟。

　　将烤炉调成高火，预热。在烤盘上铺好铝箔纸。

　　将牛肉块串在木签子上，摆进烤盘，浇上一半的黑醋红糖汁。用烤炉加热3~4分钟。将肉串翻面，浇上剩余的酱汁，再烤3~4分钟，直到牛肉熟透。

　　把肉串摆到盘子里，将烤盘里剩余的酱汁都浇到肉串上。将肉串稍微晾凉一些食用。如果是给小一些的宝宝吃，最好把牛肉从签子上取下来。吃不完的肉串可以盖起来，冷藏在冰箱里，最多可以存放两天。

　　牛肉不要腌得太久。不然醋里的酸性物质会破坏牛肉中的蛋白质，使肉质变得软烂、没有嚼劲。

烧烤风味酱香牛肉

　　将牛排放在案板上，盖上一层保鲜膜，用小木槌或擀面杖敲打成薄片，切成细条。将1汤匙油放进煎锅加热。牛肉下锅，迅速炒至两面变色即可出锅，放在一边备用。

　　将余下的油烧热，洋葱下锅，煎软。再加入蒜，倒入除玉米淀粉以外的全部材料一起烧开。然后将玉米淀粉和1汤匙凉水混合后倒进锅里，搅拌至酱汁变得浓稠。将牛肉倒进锅里，用小火煮2分钟。

　　红肉中所含的铁极易被身体吸收，宝宝一周最好吃上两三次。宝宝生长发育迅速，身体非常需要铁元素。他们在 6 个月至 2 岁大必须摄入足够的铁元素。

/ 8分钟

□ 12分钟

☺ 4份

✳ 不可冷冻

200克西冷牛排

2汤匙橄榄油

1个中等大小的洋葱（约140克），剥皮，切碎

1瓣蒜，拍碎

250毫升牛肉汤

3汤匙西红柿酱

1汤匙酱油

2茶匙柠檬汁

半茶匙伍斯特辣酱油

2茶匙红糖

2茶匙西红柿泥

1茶匙玉米淀粉

百里香蒜烤柠檬小羊排
（配古斯古斯面）

🖊 8分钟，外加最少1小时的腌渍时间

▭ 10~15分钟

🕐 2份

❄ 不可冷冻

4小枝新鲜百里香

2茶匙柠檬汁

1瓣蒜，拍碎

2汤匙橄榄油

4块小羊排

古斯古斯面的配料

100克古斯古斯面

200毫升开水

30克杏干，切丁

30克无核小葡萄干或葡萄干

半只柠檬挤出的汁

1汤匙橄榄油

1汤匙切碎的香葱叶

盐和胡椒粉

把百里香叶子从梗上揪下来，和柠檬汁、蒜和油一起放在一只碗里。将小羊排放进碗里滚一滚，摆进冰箱，腌渍最少1小时。

烤炉调成高火，预热。将腌好的小羊排摆在烤盘上，将烤盘放在距离烤炉热源约20厘米处，加热10~15分钟。中途翻面一次，直到烤熟。

将古斯古斯面放进大碗，倒入开水。碗口蒙一层保鲜膜，泡10分钟，让它充分吸收水分。然后往面碗里加入古斯古斯面配料中的其他食材。

美味羊肉丸

　　将橄榄油放进煎锅加热。取一半切碎的洋葱下锅，煎软。把除面粉和植物油以外的全部配料混合在一起，放进料理机打几秒。将打好的肉泥做成14个肉丸，形状有点像短短胖胖的香肠。然后将肉丸在面粉里滚一滚，下锅用烧热的植物油煎至金黄、熟透。

　　将每个皮塔饼一切两半。往每一半皮塔饼里放些酸奶，再塞入一个肉丸、一片黄瓜和一片西红柿。

　　除了皮塔饼，羊肉丸也可以搭配古斯古斯面或者米饭吃。

🔪 10分钟

▭ 20分钟

🍽 14个羊肉丸

❄ 可以冷冻

1汤匙橄榄油

2个洋葱，剥皮，切块

500克羊肉馅

80克新鲜面包屑

2汤匙香菜末

2汤匙切碎的欧芹叶

1汤匙淡味咖喱粉

2茶匙莳萝籽粉

1个鸡蛋，稍稍打匀

1块牛肉浓汤宝，碾碎

1茶匙糖

盐和胡椒粉，按口味酌情添加

中筋面粉，用来裹粉

植物油，用来煎肉丸

可搭配

7个常规大小的皮塔饼

希腊酸奶

14片黄瓜片

14片西红柿片

香肠焗豆

/ 10分钟

▭ 30分钟

☺ 4份

✳ 可以冷冻

4根优质香肠

1汤匙橄榄油

1根中等大小的胡萝卜（约100克），削皮，切块

1个中等大小的洋葱（约140克），剥皮，切块

1瓣蒜，拍碎

200克罐头装西红柿块

200克茄汁焗豆

1茶匙西红柿泥

1茶匙切碎的百里香叶

150克土豆，削皮，切丁

50克切达奶酪，用擦丝器擦碎

将烤箱预热到200℃（如果使用的是燃气烤箱，则调到6挡）。把香肠摆在烤盘上，烘烤20分钟，直到香肠颜色金黄、熟透。

利用这段时间，把橄榄油和胡萝卜放进炖锅加热。洋葱也下锅，煎5分钟。再将蒜下锅，煎1分钟。往锅里倒入西红柿块、焗豆、西红柿泥和百里香，盖上锅盖，用小火煮10分钟。

将土豆放进开水煮5分钟，直到熟软。

将烤好的每根香肠切成6片，放进炖锅，和焗豆混合均匀。再把混合好的香肠焗豆舀进一只耐高温的盘子里。捞出、沥干土豆丁，摆在香肠焗豆上面，再撒上碎奶酪。

烤炉选择高火，预热。将盘子放进去，烤制5分钟，直到食材表面咕嘟咕嘟冒小泡。

西红柿酱汁牛肉丸

首先制作小肉丸。把所需的配料全部混合在一起，拌匀，捏成20个小丸子。

接着制作酱汁。将橄榄油放进炖锅加热。洋葱下锅，煎软。接着将蒜下锅，再倒入西红柿块、西红柿泥、牛至叶和糖，用小火煮10分钟。最后将丸子下锅，盖上锅盖，再煮15分钟，直到丸子煮熟。

🥄 15分钟

🍳 30分钟

🥘 6份

❄ 可以冷冻

250克牛肉馅

50克帕尔玛奶酪，用擦丝器擦碎

25克新鲜面包屑

1个蛋黄

2茶匙切碎的百里香叶

盐和胡椒粉

西红柿酱汁

1汤匙橄榄油

1个中等大小的洋葱（约140克），剥皮，切块

2瓣蒜，拍碎

800克罐头装西红柿块

2汤匙西红柿泥

1茶匙晒干的牛至叶碎片

一撮糖

意大利面食谱

鸡肉西红柿罗勒面

按照包装上的说明把面条煮熟。

利用这段时间，把橄榄油放进一口较大的炖锅加热。洋葱下锅，煎炒3分钟。蒜和辣椒末下锅，煎炒2分钟。鸡肉下锅，翻炒4分钟，直到表面微焦。再将百里香和欧芹下锅，煎炒1分钟。鲜西红柿和晒制的小西红柿下锅，煎炒2分钟。最后倒入鸡汤、速冻豌豆和罗勒，煮2分钟。

捞出面条，放入煮鸡肉西红柿的锅里，一边搅拌一边煮1分钟。最后酌情添加适量盐和胡椒粉调味。

✐ 15分钟

▭ 20分钟

⏱ 4~5份

✴ 可以冷冻

250克特细意大利面

2汤匙橄榄油

1个中等大小的洋葱（140克），剥皮，切碎

一瓣较大的蒜，拍碎

一大撮干辣椒末

2片鸡胸肉（约250克），切成条

1茶匙切碎的百里香叶

1汤匙切碎的平叶欧芹

4个中等大小的西红柿（285克），剥皮，去瓤去籽，切块

50克晒制的小西红柿，切碎

350毫升鸡汤（1块浓汤宝冲调而成）

75克速冻豌豆

1汤匙撕碎的罗勒叶

盐和胡椒粉

特细意大利面是一种非常细的意大利面，在超市有售。当然也可以用普通的意大利面代替。

奶酪通心粉

15分钟

15分钟

4份

可以冷冻

350克通心粉

4个中等大小的西红柿，剥皮，去瓤去籽，
切块

75克切片火腿，撕碎（可选）

奶酪酱汁

45克黄油

45克面粉

450毫升牛奶

85克古老也奶酪，用擦丝器擦碎

60克帕尔玛奶酪，用擦丝器擦碎

150克马斯卡彭奶酪

顶料

40克面包糠，用2片中等大小的白面包或
全麦面包片做成，切掉面包边

20克帕尔玛奶酪，用擦丝器擦碎

按照包装上的说明把通心粉煮熟。

利用这段时间来做奶酪酱汁。将黄油放进炖锅加热融化。往锅里撒入面粉，一边搅拌一边加热1分钟。再慢慢倒入牛奶，一边搅一边用小火煮5~6分钟。把锅从灶上端开，往锅里撒入古老也奶酪和帕尔玛奶酪，它们融化后，再加入马斯卡彭奶酪。

在一只耐高温的盘子（大小约为长26厘米，宽17厘米，深5厘米）里刷上油。烤炉调成高火，预热。将煮好的通心粉捞出、控干，把面汤倒掉，再把通心粉放回锅里。把做好的奶酪酱汁倒进锅里，用小火慢慢加热透。往锅里放入西红柿，根据个人口味还可以加入火腿。然后将锅内的全部食材倒进刷过油的盘子里。

把奶酪和面包糠混匀，撒在盘内食材的顶上。将烤盘放入烤炉加热，直到表面颜色金黄、滋滋冒泡。

西红柿剥皮的方法：用尖刀在西红柿顶部切出十字口。把西红柿放进碗里，倒入开水没过，浸泡1分钟。捞出西红柿，用冷水冲洗。这时表皮就很容易撕掉了。

三文鱼西蓝花烤面

10分钟

15分钟

5份

可以冷冻

150克螺旋意大利面

75克西蓝花，洗净

30克黄油

1根韭葱，洗净，切段

3汤匙中筋面粉

450毫升牛奶

75克帕尔玛奶酪，用擦丝器擦碎

盐和胡椒粉

150克三文鱼肉片，去皮去骨

半只柠檬挤出的汁

25克切达奶酪，用擦丝器擦碎

1个西红柿，去瓤去籽，切块

按照包装上的说明把螺旋意大利面煮熟。在螺旋面出锅前3分钟时，将西蓝花也下锅同煮。煮好后，捞出螺旋面和西蓝花，控干。

利用煮面的时间，把黄油放进一口炖锅加热融化。韭葱下锅，煎软。往锅里撒入面粉，倒入牛奶，一起搅成均匀黏稠的奶糊，再撒入帕尔玛奶酪、盐和胡椒粉。

将三文鱼放进微波炉专用碗，倒入柠檬汁。用保鲜膜蒙住碗口，在保鲜膜上扎一些小孔。放入微波炉，高火加热2分钟。

将熟了的三文鱼分成小片，挑净残留的鱼刺。然后把鱼肉连同汤汁都倒进奶糊里。

烤炉调成高火，预热。将螺旋意大利面、西蓝花和鱼肉奶糊都装进一个耐高温的浅盘，混合均匀。将切达奶酪和西红柿块放在混合的食材顶部。将盘子放进烤炉，烤制5分钟，直到食物表面滋滋冒泡。

虾仁意大利面

将橄榄油放进炖锅加热。洋葱下锅，煎5分钟。再将蒜、西红柿、鱼汤、柠檬汁和西红柿泥依次下锅，用小火煮10分钟，收汁，但不要煮得太浓稠。等到关火前4分钟时，将虾仁下锅，完全加热。

按照包装上的说明把意大利面煮熟，然后捞出、控干。将面条和虾仁酱汁拌在一起，加入罗勒碎。根据个人口味，还可以撒些擦碎的帕尔玛奶酪。

✎ 5分钟

▭ 20分钟

🍴 4份

❄ 不可冷冻

2 汤匙橄榄油

1 个中等大小的洋葱（140 克），剥皮，切碎

1 瓣蒜，拍碎

200 克罐头装西红柿块

200 毫升鱼汤

2 茶匙柠檬汁

1 茶匙西红柿泥

180 克熟虾仁

180 克细面条

2 汤匙切碎的罗勒叶

帕尔玛奶酪，用擦丝器擦碎，佐餐用（可选）

什锦蔬菜面

按照包装上的说明把螺旋意大利面煮熟，然后捞出、控干。

将葵花籽油放进煎锅加热。洋葱和奶油南瓜下锅，小火煎5分钟。红椒、西葫芦、蘑菇下锅，煎3分钟。再将蒜下锅，煎1分钟。往锅里倒入蔬菜高汤，加热到咕嘟冒泡、水分蒸发一半。最后往锅里放入酸奶油、奶酪和罗勒叶，再添少许盐调味。将锅内食材和螺旋面拌在一起即可食用。

✎ 15分钟

▭ 15分钟

⏱ 4~6份

❄ 不可冷冻

150克螺旋意大利面

2汤匙葵花籽油

1个中等大小的洋葱（约140克），剥皮，切片

150克奶油南瓜，削皮，去瓤去籽，切丁

1个红甜椒（100克），洗净，去瓤去籽，切丁

1个中等大小的西葫芦（100克），洗净，切掉顶部和尾部，切丁

100克栗蘑，洗净，切片

1瓣蒜，拍碎

150毫升蔬菜高汤

6汤匙法式发酵酸奶油

60克帕尔玛奶酪，用擦丝器擦碎

2汤匙切碎的罗勒叶

一撮盐

甜点食谱

迷你甜杏奶酪蛋糕

将饼干装进保鲜袋，用擀面杖碾碎。将饼干渣和融化的黄油、肉桂粉混合，然后装进6个模具小碗（碗口直径7.5厘米）。

把奶油和奶油奶酪放进一只碗，搅拌至顺滑浓稠的状态。用料理棒把罐头装的杏子打成泥，再把杏子泥、糖和橙子皮碎屑都加入打好的奶油混合物中，搅拌均匀。

将打好的混合食材抹在饼干顶上，再摆上鲜杏子切片做装饰。在吃之前，要将蛋糕放入冰箱冷藏1小时。

✎ 30分钟，外加1小时的冷藏时间

🕐 6份

❄ 不可冷冻

100克消化饼干

50克融化的黄油

半茶匙肉桂粉

100毫升打发过的鲜奶油

100克奶油奶酪

175克罐头装杏子，捞出、控干

3茶匙幼砂糖

1/4茶匙橙子皮碎屑

新鲜杏子，切片，用来装饰

杏子富含 β-胡萝卜素和纤维素。

荔枝冻酸奶

✏ 5分钟，外加冷冻时间

🕙 6份

❄ 可以冷冻

500毫升全脂原味酸奶（500克）

150毫升稀奶油

75克幼砂糖

425克罐头装荔枝

将酸奶、奶油和糖混合。再将荔枝和荔枝罐头里的200毫升汁水打匀，加入酸奶混合物中，拌在一起。将混合物用冰激凌机冷冻并搅打。

如果没有冰激凌机，可以把混好的食材倒进一个浅浅的容器。放进冰箱冷冻1小时。然后用料理机打匀。然后再冷冻2小时，再用料理机打匀，放入冰箱继续冷冻至变硬即可。

夏日浆果酸奶冰激凌

  把速冻浆果和1汤匙幼砂糖放进一口小炖锅，用小火加热几分钟，直到浆果煮软。把浆果打成泥，再用滤网过一遍，去除打碎的种子。

  将奶油打发至提起打蛋器时奶油能形成柔软的尖角。将奶油和酸奶、75克幼砂糖和果泥混合，用冰激凌机冷冻。也可以装进合适的容器，放进冰箱冷冻。

  冷冻中途（约1小时后）将食材拿出，搅打至顺滑。再放回冰箱继续冷冻。在接下来的1小时里，再搅打一两次。这样做出来的冰激凌口感会很顺滑。

✎ 5分钟，外加冷冻时间

▭ 5分钟

◷ 6份

❄ 可以冷冻

200克速冻什锦夏日浆果（比如草莓、树莓、黑莓、蓝莓、樱桃或红醋栗）

1汤匙幼砂糖

75克幼砂糖

200毫升浓奶油

400毫升原味酸奶

草莓圣代

/ 15分钟

□ 5分钟

☺ 4杯圣代

❀ 不可冷冻

350克草莓

1盒香草冰激凌

太妃酱的配料

150毫升浓奶油

30克黄油

30克黑糖

半茶匙香草精

将150克草莓放进容器，用料理棒打匀，变成果酱状。将剩余的草莓切成薄片。

接下来，把太妃酱的全部配料放进一口小炖锅。一边加热一边搅拌至黄油和糖融化。继续加热，沸腾1分钟后关火，稍微晾凉。

把一半的草莓片分装在4个杯子里，再分别浇一些草莓酱，放一勺冰激凌，淋一些太妃酱。重复以上步骤，就做成了双层的圣代。

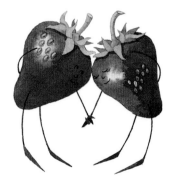

> 草莓富含维生素 C，还含有鞣花酸——这是一种被认为可以帮助抗癌的植物化学成分。

热白巧克力酱冰冻莓果

先来冷冻浆果。在烤盘里铺上烘焙纸或油纸，纸上摆上一层浆果，放进冰箱。冻硬以后，转移进保鲜袋，可以保存1个月。冻好的浆果也可以用来制作冰沙。

把冻好的浆果分装在两个碗里，在室温下稍稍化冻10分钟。

将巧克力和浓奶油放在微波炉专用容器里，加热10秒钟。搅一搅，再次加热10秒。如此反复（大概需要四五次）至巧克力全部融化成了顺滑的巧克力酱。也可以用隔水蒸的办法：锅中放入水，将巧克力和浓奶油放在一只小碗里，放入锅中，一边用小火加热一边搅拌，直至巧克力融化。

把热巧克力酱直接浇在浆果上即可食用。

✏️ 10分钟，外加冷冻时间

🍳 2分钟

🍴 2份

❄️ 不可冷冻

150克什锦浆果（比如黑莓、树莓、蓝莓、草莓或红醋栗）

55克白巧克力，切成小碎块

60毫升浓奶油

巧克力冻蛋糕

✎ 5分钟，外加1小时冷藏时间
▭ 5分钟
🍴 12份
❄ 不可冷冻

150克牛奶巧克力
50克黑巧克力
50克无盐黄油
200克消化饼干，弄碎
75克杏干，切碎
50克葡萄干
50克碧根果仁，切碎
25克米花酥
100克浓奶油

在一个边长20厘米的方形浅蛋糕模里铺上保鲜膜，四边稍微多留出一部分保鲜膜，以便脱模。

将巧克力和黄油放在一个耐高温的碗里，放在锅中蒸屉上，用小火隔水加热至融化，不时搅拌一下。请注意碗底不要碰到水面。

将碎饼干、杏干、葡萄干、碧根果仁和米花酥混在一起。把浓奶油和融化的巧克力拌匀，再和饼干等食材拌在一起。搅拌均匀后装进蛋糕模，顶部用压薯器压平。晾凉以后，放进冰箱1~2小时，冷藏定型。

要吃的时候，拉住保鲜膜多余的部分把巧克力冻蛋糕从蛋糕模里剥出来。去掉保鲜膜，切成12个小方块或三角形。

也可以尝试其他饼干、水果和坚果的组合。比如一半消化饼干加一半姜糖饼干，用蔓越莓干代替葡萄干。

做好的巧克力冻蛋糕在冰箱里可以保存最多2周。但根据具体情况不同，保存时间可能会短一些。

杏干白巧克力米花酥

在一个边长20厘米的方形浅蛋糕模里铺好烘焙纸。

将巧克力、黄油和金黄糖浆放进一个耐热的碗里，用小火隔水蒸至融化。在另一只大碗里，放入米花酥、燕麦片、杏干和碧根果仁，混合在一起，再加入融化的巧克力浆，搅拌均匀。

把做好的混合食材装进蛋糕模，用压薯器把顶部压平。摆进冰箱，冷藏几个小时来定型。然后取出蛋糕，去掉烘焙纸，切成9块。

✎ 3分钟，外加1小时冷藏时间

▭ 5分钟

🍳 9份

❄ 可以冷冻

100克白巧克力

75克无盐黄油

75克金黄糖浆

65克米花酥

65克燕麦片

50克杏干，切碎

30克碧根果仁，切碎

这道米花酥非常健康。其中的燕麦片能为人体提供长时间的能量，坚果富含蛋白质，杏干富含 β-胡萝卜素。

美味姜糖饼干

/ 5分钟

□ 20分钟

⊛ 6份

⊛ 可以冷冻

65克黄油，置于室温下

50克绵红糖

4汤匙金黄糖浆

1个蛋黄

150克中筋面粉，过筛

1茶匙姜粉

半茶匙小苏打

糖霜的配料

225克糖粉

2~3汤匙水

可食用银色小糖珠，用来装饰（可选）

将黄油、糖、糖浆和蛋黄混合，用电动打蛋器搅拌，打到颜色变浅。再向其中加入面粉、姜粉和小苏打，一起揉成面团。将面团用保鲜膜包起来，放进冰箱冷藏最少半小时，直到面团变硬。

将烤箱预热到180℃（如果使用的是燃气烤箱，则调到4挡）。在两个烤盘里铺好烘焙纸。在案板上撒些面粉，把面团放上去，擀成厚度约为3毫米的面皮。

用饼干模具在面皮上扣出形状。从边缘向中心扣，每个饼干之间尽量靠近。将扣剩下的面皮重新揉成团、擀成皮，还可以再扣出一些饼干。将饼干摆在准备好的烤盘上，入烤箱烤8分钟。取出后静置一会儿，转移到架子上晾凉。

接着来制作糖霜。糖粉过筛后，放入碗里。分次加入适量的水，调成适合用来裱花的稠度。

将防油纸剪成边长15~18厘米的方形，再对半剪成两个三角形。把三角形的防油纸卷成圆锥状的纸筒，灌入糖浆。将纸筒较宽的一端再折叠一下，以防糖浆流出。在纸筒尖端剪小口，挤出糖霜来给饼干裱花。还可以选择用银色小糖珠进行装饰。

膳食计划

	第1天	第2天	第3天
早餐	母乳或配方奶	母乳或配方奶	母乳或配方奶
上午加餐	母乳或配方奶	母乳或配方奶	母乳或配方奶
午餐	**胡萝卜泥** 母乳或配方奶	**烤红薯泥** 母乳或配方奶	**苹果泥** 母乳或配方奶
下午加餐	母乳或配方奶	母乳或配方奶	母乳或配方奶
睡前	母乳或配方奶	母乳或配方奶	母乳或配方奶

这份膳食计划仅供参考，具体还请结合宝宝的体重、年龄等因素来安排。有些宝宝每天吃一顿固态辅食就够了，有些宝宝到了下午还想再吃点东西。

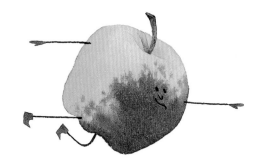

第4天	第5天	第6天	第7天
母乳或配方奶	母乳或配方奶	母乳或配方奶	母乳或配方奶
母乳或配方奶	母乳或配方奶	母乳或配方奶	母乳或配方奶
烤红薯泥 母乳或配方奶	**梨子泥** 母乳或配方奶	**烤奶油南瓜泥** 母乳或配方奶	**苹果梨子泥** 母乳或配方奶
母乳或配方奶	母乳或配方奶	母乳或配方奶	母乳或配方奶
母乳或配方奶	母乳或配方奶	母乳或配方奶	母乳或配方奶

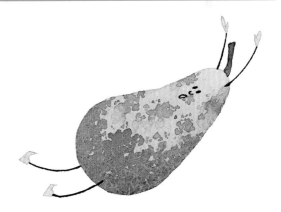

膳食计划

	第1天	第2天	第3天
睡醒后	母乳或配方奶	母乳或配方奶	母乳或配方奶
早餐	**桃子、苹果、梨子、香蕉泥**	**油桃香蕉粥**	**苹果、草莓、香蕉泥**
上午加餐	母乳或配方奶	母乳或配方奶	母乳或配方奶
午餐	**红薯、西蓝花、豌豆泥**	**韭葱、芜菁甘蓝、红薯、甜玉米泥**	**奶油南瓜、甜玉米、豌豆泥**
下午加餐	母乳或配方奶	母乳或配方奶	母乳或配方奶
晚餐	**奶油南瓜、胡萝卜、苹果泥**	**红薯苹果泥**	**儿童脆饼干，苹果、杏子、梨子泥**
睡前	母乳或配方奶	母乳或配方奶	母乳或配方奶

这份膳食计划仅供参考，具体还请结合宝宝的体重、年龄等因素来安排。有些宝宝在午餐或晚餐后还能再吃些水果。

第4天	第5天	第6天	第7天
母乳或配方奶	母乳或配方奶	母乳或配方奶	母乳或配方奶
苹果、梨子、葡萄干粥	**苹果、梨子、蓝莓泥（香草风味）**	**桃子香蕉泥**	**蓝莓香蕉泥**
母乳或配方奶	母乳或配方奶	母乳或配方奶	母乳或配方奶
奶油南瓜、梨子、杏子泥	**韭葱、芜菁甘蓝、红薯、甜玉米泥**	**奶油南瓜、甜玉米、豌豆泥**	**奶油南瓜、胡萝卜、苹果泥**
母乳或配方奶	母乳或配方奶	母乳或配方奶	母乳或配方奶
红薯、西蓝花、豌豆泥	**奶油南瓜、胡萝卜、苹果泥**	**红薯苹果泥**	**红薯、西蓝花、豌豆泥**
母乳或配方奶	母乳或配方奶	母乳或配方奶	母乳或配方奶

膳食计划

	第1天	第2天	第3天
早餐	**美味水果粥，**牛奶	牛奶泡婴儿麦片，**油桃苹果泥，**牛奶	**苹果、梨子、西梅粥，**牛奶
上午加餐	牛奶	牛奶	牛奶
午餐	**比目鱼泥**	**安娜贝尔美味鸡肉泥**	**胡萝卜、红薯、牛肉泥**
下午加餐	牛奶	牛奶	牛奶
晚餐	**胡萝卜、红薯、西蓝花泥**	**南瓜西红柿酱贝壳面**	**小扁豆综合蔬菜泥**
睡前	牛奶	牛奶	牛奶

这份膳食计划仅供参考。一道辅食一周之内并不是只能吃一次。午餐和晚餐时，都可以给宝宝喝水或稀释过的果汁。

第4天	第5天	第6天	第7天
香蕉、桃子、杏子粥，牛奶	熟透的炒鸡蛋，牛奶	**水果饼干酥（草莓、桃子、梨子），**牛奶	全麦早餐小饼，**桃李西梅泥，**牛奶
牛奶	牛奶	牛奶	牛奶
橙汁、南瓜、鳕鱼泥	**红薯、苹果、鸡肉泥**	**胡萝卜、欧防风、红薯炖牛肉泥**	**甜玉米鸡肉泥**
牛奶	牛奶	牛奶	牛奶
南瓜西红柿酱贝壳面	**胡萝卜、豌豆、鳕鱼泥**	**红薯、菠菜、豌豆泥**	**儿童意大利肉酱面**
牛奶	牛奶	牛奶	牛奶

6~9月龄之间，有些宝宝已经开始尝试自己抓东西吃了。家长不妨在上述的辅食之外，再准备一些吐司面包、柔软的水果块、蒸熟的或生鲜蔬菜条给宝宝抓着吃。

膳食计划

	第1天	第2天	第3天
早餐	**水果早餐粥，** 牛奶	**迷你香蕉麦麸玛芬蛋糕，** 水果，酸奶，牛奶	炒鸡蛋，吐司面包条，水果，牛奶
上午加餐	牛奶	牛奶	牛奶
午餐	**金枪鱼奶酪吐司，** 酸奶	**迷你牧羊人派，** **草莓西瓜棒冰**	**香脆鱼柳（配柠檬蛋黄酱），** 蒸西蓝花和胡萝卜，水果
下午加餐	牛奶	牛奶	牛奶
晚餐	**奶香鸡肉罗勒面，** 水果	**菠菜、奶酪、红薯泥，** 水果	**鸡肉时蔬派，** 法式新鲜白奶酪
睡前	牛奶	牛奶	牛奶

这份膳食计划仅供参考。一道辅食一周之内并不是只能吃一次。
午餐和晚餐时，都可以给宝宝喝水或稀释过的果汁。

第4天	第5天	第6天	第7天
燕麦粥，水果，酸奶，牛奶	**莓果法式吐司，**牛奶	燕麦粥，水果，酸奶，牛奶	**迷你香蕉麦麸玛芬蛋糕，**吐司面包涂奶酪，水果，牛奶
牛奶	牛奶	牛奶	牛奶
迷你肉丸，蒸西蓝花和胡萝卜，水果	**胡萝卜、西红柿、奶酪酱汁鱼肉面，快手大米布丁**	**迷你鸡肉丸，**蒸豌豆、胡萝卜和西蓝花，水果	**羊肉茄子红薯派，草莓西瓜棒冰**
牛奶	牛奶	牛奶	牛奶
香烩粒粒面，酸奶	**蔬菜意大利肉酱面，**水果	**西蓝花、奶酪、土豆、胡萝卜泥，**水果	**迷你鱼丸，**蒸西蓝花和胡萝卜，水果
牛奶	牛奶	牛奶	牛奶

9月龄时，有些宝宝已经会自己抓东西吃了。家长不妨在上述的辅食之外，再准备一些吐司面包、柔软的水果块、蒸熟的或生鲜蔬菜条给宝宝抓着吃。

膳食计划

幼儿膳食（一周岁以上）

	第1天	第2天	第3天
早餐	**美味炒鸡蛋，** 吐司面包条，水果	**安娜贝尔花式燕麦片，** 酸奶，水果	谷物早餐，**泡泡浆果饮**
午餐	**香烤三文鱼，** **中式炒饭，**水果	**烧烤风味酱香牛肉，** 米饭、胡萝卜和西蓝花， **夏日浆果酸奶冰激凌**	**鸡肉烩面，**水果
晚餐	**芝麻鸡柳，薯条和** 蔬菜，水果	**迷你鱼派，**水果	**胡萝卜豌豆烩饭，**水果

这份膳食计划仅供参考。一道辅食一周之内并不是只能吃一次。
午餐和晚餐时，都可以给宝宝喝水或稀释过的果汁。

第4天	第5天	第6天	第7天
火腿卷面包棒（蘸溏心蛋），水果	麦片，奶酪，水果	**香蕉英式小圆饼**，酸奶，水果	麦片，**火腿奶酪英式玛芬蛋糕**，水果
香酥鱼柳，西蓝花和胡萝卜，**草莓圣代**	**百里香蒜烤柠檬小羊排（配古斯古斯面）**，水果	**鸡肉西红柿罗勒面**，酸奶	**蔬菜沙拉配什锦酱**，胡萝卜玉米煎饼，果酱
奶酪通心粉，荔枝冻酸奶	**奶酪酱汁炖鳕鱼**，迷你杏子奶酪蛋糕	**玛格丽特比萨（墨西哥薄饼底）**，水果	**西红柿酱汁牛肉丸**，米饭，荔枝冻酸奶

宝宝在两餐之间可能需要吃点零食。准备哪些好呢？

相关建议详见21页。

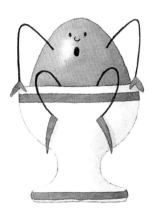

索引

探索新滋味 6~9月龄

日渐独立 9~12月龄

幼儿膳食 一周岁以上

作者简介

　　安娜贝尔·卡梅尔是英国育儿类图书的金牌作者，专注于为婴幼儿研发美味营养的食谱。同时，她也是三个孩子的母亲。

　　自二十多年前推出《婴幼儿营养餐指南》以来，安娜贝尔又撰写了40余本有关烹饪的图书，全球销量超过400万册，内容涵盖儿童成长的每一阶段。

　　安娜贝尔的目标是为家长们提供优质的儿童食谱，帮助宝宝们从小茁壮成长。她所撰写的食谱均经过专业测评。此外，安娜贝尔还推出了成功的婴幼儿辅食品牌。从美味的婴儿有机果蔬泥到大受欢迎的速冻食品，让忙碌的家长们也能做出家常口味的婴幼儿食物。

　　2006年，由于在儿童营养领域做出了突出的贡献，安娜贝尔在女王生日之际被授予了大英帝国成员勋章（MBE）。英国最负盛名的几处度假胜地也特邀她创制菜谱。此外，安娜贝尔还推出了一款成功的食谱APP（Annabel's Essential Guide to Feed Your Baby and Toddler）。

致谢

英佰瑞连锁超市：路易丝·沃德，菲尔·卡罗尔

伊伯里出版社：菲奥娜·麦金太尔，马丁·希金斯，卡特·多利特

摄影师：戴夫·金

道具师：塔姆辛·韦斯顿

食品造型师：凯特·布利曼，莫德·伊登

食谱测评师：露辛达·麦科德

埃迪森独立出版社：尼克·埃迪森，凯蒂·格尔斯比

公共关系：萨拉·史密斯